猫

全世界有多少只

用费米推定推算未知

现役东大生が書いた 地头を锻える

フェルミ推定ノート

日本东大案例学习研究会 著

吴梦迪 译

中国友谊出版公司

前　言

本书的目的和主旨

本书是一本讲解费米推定体系和解法步骤的书，也是一本练习费米推定的习题集，主要面向商务人士、学生、想要进入咨询公司的求职者等各类人群。

本书的主要目的不在于讲解面试时费米推定问题的解法，而是希望读者能够感受到费米推定作为锻炼逻辑思维的工具所具备的深奥性。

为了进入咨询公司，我们东大（指东京大学）案例学习研究会的成员阅读了一本又一本与费米推定相关的书。几个月内，每天都会聚在星巴克讨论几个小时。

一开始，这个活动的目的是面试。但渐渐地，我们发现费米推定是锻炼逻辑思维、假说思考、模型化、定量化等"地头力"①的最佳工具。并且，被它的魅力以及趣味性深深吸引。

基于这样的经验，我们想将费米推定的魅力传达给更多的人。因此，我们将已经解开的近1000道问题整理成体系，并对解答方法进行分类。

幸运的是，在这个过程中我们的想法得到了很多已经获得

① 地头力是指不依赖头脑中被灌输的知识，从零开始解决问题的能力。它是一种现场瞬间反应的能力。

咨询公司工作邀请的人的认可和帮助。

最后，我们不仅介绍了实际面试时会遇到的问题及其具体的应对方法，还抱着游戏的心态讲解了该如何构建大胆且缜密的逻辑推导流程，而这正是费米推定的本质所在。

近年来，随着"地头力"的潮流，市面上出现了很多冠以"费米推定"之名的书籍。但是我们觉得这些书里涉及的题目数量不多，而且解法也有些过于简单。

我们相信本书无论是从质上，还是从量上，都可以为读者提供独一无二的价值，并且可以成为很多人学习费米推定时参考的标准。从这层意义上来讲，它不仅可以指导想要进入咨询公司的学生如何应对面试，还可以成为费米推定的"领航员"，带领各个行业、各个年龄层中想要锻炼"地头力"的人运用费米推定轻松愉快地解决各种问题。

本书的构成

"第一部分"中会先整体介绍费米推定的所有类型。然后，会以具体的问题为例，深入讲解解决这个问题的流程。

首先，在"费米推定的基本体系"中，根据问题的类型，制定了费米推定体系。我们实际解决的近 1000 道费米推定的问题几乎都可以归纳到这个体系中。这个体系的通用性可以说是相当高的。

这个体系的意义在于体系树中每一个类型的问题都对应一种基本的解法。也就是说，只要明确问题属于体系树的哪一部分，就可以得到基本的解法。

可以毫不夸张地说，这个费米推定的体系，才是我们在本书中提供的最大价值。

在接下来的**"费米推定的5个基本步骤"**中，我们根据自己实际的面试经验，将所有的费米推定共通的基本解法流程整理成对话的形式。希望通过这种方式，能够让大家在阅读后牢牢掌握费米推定的主干部分。

"第二部分"基于基本体系，列出了一些具有代表性的例题，以及答案和讲解，最后还有对应的练习题。

希望你看到**"例题"**后，不要立刻去看答案和讲解，请先动动大脑和手，尝试解答。这样做之后，你将会从答案和讲解中收获更多东西。对自己有信心的人，也可以尝试在规定的时间内解题，这也是一种学习方式。

等得出自己的推算结果之后，再逐一确认、理解答案和讲解中的逻辑展开。你应该可以从中感受到说服对方所需要的逻辑水平。但是，推导出答案的过程有无数种，书中给出的答案不过是"范例"而已。因此，请你依靠自己的逻辑，带着批判性的目光阅读答案。

在费米推定中，逻辑是否正确是最重要的，并不会重视最终计算出来的数字是否和实际相符。但是，对照和实际的差异，确实有助于今后构建更准确的逻辑。

为此，我们在很多问题后面都附上了实际的统计数据。请和自己推算出来的数字比较一下，看看哪部分和实际有偏差。这应该可以培养你的逻辑感觉和对数字的敏感度（但是，对于像"东京有多少只鸽子？"这种几乎不可能找到统计数据的问题，我们可能会用中途假设的验证来代替，或通过和其他数值的对比来让你感受自己算出来的数字和实际的差别）。

看完例题之后，请务必挑战一下后面的"**练习题**"。基本的解法和例题一样，但难易度方面大多要比例题难。答案和讲解在书的最后部分，请充分使用。你也可以和做例题时一样，在规定的时间内解答。

在解答本书练习题的过程中，你会感觉自己正在逐步掌握费米推定的节奏。当你走在大街上，脑海中会自然而然地浮现出"日本有多少个邮筒？""东京有多少根烟蒂？"这样的问题，并不自觉地开始计算数值，这时就说明你学成了。

请抱着享受的心态反复练习，直到费米推定的逻辑作为一种脑内语言在你大脑中根深蒂固。

另外，一个人练习这些问题当然也很有效，但和朋友一起在规定的时间内解题，玩角色扮演模拟面试，或一起讨论，会更有意思吧。

在批判或验证朋友的逻辑的过程中，你自己的逻辑思维能力也会得到进一步的提升。事实上，我们也经常在星巴克大声讨论"全世界的蟑螂数量""日本的厕纸市场规模"等疯狂的问题，而且每次都会讨论好几个小时。想必当时周围的人一定觉得我们很奇怪吧。

费米推定是一种训练大脑的工具。希望本书能够让更多的人感受到它的魅力，并能够沉醉在逻辑的旋律之中。

目　录

目　录

全世界有多少只猫

第一部分

解开 1000 道题后明白了！
费米推定的 6 种类型和
5 个步骤

什么是费米推定?

本书介绍的"费米推定"是一种"通过合理的假设和逻辑,仅依靠已知的知识,短时间内推算出数量的方法"。这种数量一般都比较荒诞,无法靠直觉预估出来,比如"全日本所有牛的数量""长野县荞麦面馆的数量""肠胃药的市场规模",等等。因为经常在信封背面等地方粗略地推算,所以也被称作信封背面(Back of the Envelope)的计算。

费米推定已被证实是一种对培养科学家的思维很有效的训练工具,所以欧美的很多学校都已将其作为理科的教材。甚至还会举办类似费米推定的"科学奥运会"这样的比赛。

可以说,费米推定一开始是用来推测科学世界中的物理量的。但是现在,它不仅成为培养科学家的教材,还被广泛应用于咨询公司、外资企业的面试以及商务人士的培训课程。

第 **1** 章　费米推定的基本体系

　　本书的目的是通过解决费米推定的问题，培养逻辑思维、假说思考、模型化、定量化等"思考过程"。但是，很多人遇到费米推定问题时（比如被问到"全日本有多少根电线杆"等），都会感觉无从下手。因此，本书将为这样的人提供费米推定理论的骨架，即"基本体系"。

　　记住"基本体系"后，当突然被问（比如被面试官问）"××的数量有多少"时，就会立刻反应过来这个问题属于体系中的哪个类型，从而找到解决问题的切入点。

　　费米推定的"基本体系"如下一页图所示。

　　怎么样？用词稍微有点特殊，所以可能会难以理解。那么，接下来，我就来逐一为大家讲解。

　　补充一句，这个体系是费米推定的"**基本**体系"，并不能将费米推定的所有问题全都网罗进来。比如"汽车市场规模的增减有多少"这个问题，属于图上"流量问题"的一种应用。严格意义上来讲，"市场规模增减"的问题并不包含在这个体系中。但是，理解"流量问题"中的"宏观销售额推算"（如"汽车的市场规模有多大"）之后，就相当于获得了解决"市场规模

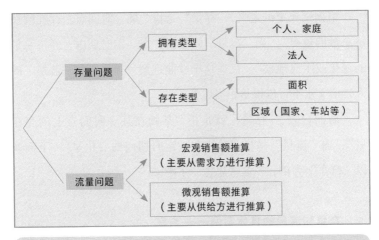

重要！费米推定的基本体系

增减"问题的钥匙。

也就是说，本书提出的费米推定的"基本体系"只适用于基本的费米推定问题。但同时，它也可以为解决更复杂的应用问题提供助力。本书只涉及少量应用问题，希望可以另寻机会，讲解应用问题的解法。

接下来，就来简单讲解一下"基本体系"图中各个术语的含义。

（1）"存量问题"和"流量问题"

什么是存量和流量？

费米推定的问题大致可分为"存量（stock）"和"流量（flow）"两大类。接下来就先解释一下这两个词语。

根据词典上的定义，"存量"是指"某一时间点上存在的经济总量的规模"，而"流量"则是指"在一定时期内，经济总量的变化或生成规模"。仅凭这个就能理解"存量"和"流量"的人，语文水平可以说是相当厉害了。

　　简而言之，"存量"就是指"某物在某一时间点上的存在量"，而"流量"是指"某物在一定时期内的变化量"。下面就以"汽车"为例，一起来思考一下吧。

存量和流量的具体案例——汽车

　　"日本的汽车总量"和"汽车在日本的市场规模（全年）"，究竟哪个是"存量"，哪个是"流量"呢？

　　"日本的汽车总量"是"存量"，而"汽车在日本的市场规模（全年）"是"流量"。市场规模（全年）是指汽车在日本国内的年销售总额，即"在一年这个特定时期内，汽车在日本销售的总量（金额）"。

　　打个比方，"存量"就相当于"容器中的水量"，而"流量"则是"一定时间内从水龙头流入容器（或从容器流出）的水量"。后者"流量"的特征是会规定一个时间范围，比如"1分钟10升"等。

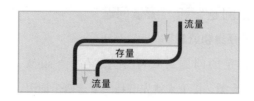

（2）"拥有类型"和"存在类型"

拥有类型和存在类型的定义

解决费米推定的问题时，必须沿着某条线索，也就是说以某物为单位来计算数量。当该线索是"拥有某物的主体"时，这个问题就属于"**拥有类型**"。而当该线索是"某物存在的空间"时，这个问题就属于"**存在类型**"。

换言之，思考"拥有类型"的问题时，要从"谁有"着手，而思考"存在类型"的问题时，要从"在哪"着手。

比如，"日本有多少对耳环"这个问题。

大家看到"耳环"，会联想到什么呢？

在解决费米推定问题时，可以这样来联想，比如"耳环"→"年轻女性拥有的耳环"→"个人"。也就是说，可以联想到**拥有**"耳环"的主体，即"个人"。然后，再以"个人"的数量为单位，计算"日本的耳环数量"。

再列举一个问题，"日本有多少根电线杆？"

这次大家又能从"电线杆"联想到什么呢？

"电线杆"→"家周围的电线杆"→"家周围的土地面积"→"1根电线杆所占的土地面积"。这种联想也是可以成立的吧。也就是说，可以联想到"电线杆"**存在**的空间，即一定的"占地面积"。然后，以1根电线杆的"占地面积"为单位，计算出日本的电线杆总量。

解决"拥有类型"的问题时，除了上述"**以个人为单位**"

之外，还有"**以家庭为单位**""**以法人为单位**"等方法。以家庭为单位时拥有的主体是家庭，以法人为单位时拥有的主体是法人。

另一方面，在解决"存在类型"的问题时，除了上述"以面积为单位"之外，还有"以区域为单位"的方法。下面就再来具体讲解一下"以面积为单位"和"以区域为单位"。

存在类型的分类——以面积为单位和以区域为单位

"存在类型"的解法可分为"以面积为单位"和"以区域为单位"两种。"**以面积为单位**"是指以"抽象的空间"为单位的解法。而"**以区域为单位**"则是指以"有具体名字的空间"（比如都道府县）或"有具体形态的空间"（比如车站）为单位的解法。

举个例子，假设"在日本，平均每50米见方有1根电线杆"。这里"50米见方的面积"就是计算时采用的单位，也是答题者设定的抽象空间，所以可以认为是"以面积为单位"的解法。

再比如，当以都道府县为单位，计算日本的美术馆总量时，计算的单位就会变成"东京都""神奈川县"等具有实际名字的空间。在这种情况下，你会思考"各个都道府县平均有多少美术馆"，所以可以认为是"以区域为单位"的解法。

就像这样，"存在类型"的解法有两种，一种是以"抽象的空间"为单位，一种是以都道府县这样的"具体空间"为单位。

"区域单位"除了有具体名字的空间外，还包括"公园""车站"等名字比较抽象（相较于固有名词而言），但"有具体形态的空间"。为了方便讲解，本书将"公园""车站"等空间归入"区域单位"（在一些极端情况下，"公园""车站"也会被归入"面积单位"或"个人单位"。关于这些，请通过后面的例题进行确认）。

（3）"宏观销售额推算"和"微观销售额推算"

宏观销售额推算和微观销售额推算的定义

接下来讲解一下"流量问题"中的**宏观销售额推算**和**微观销售额推算**的区别。

在本书中，你可以认为"宏观销售额推算"≈"市场规模的推算"，而"微观销售额推算"≈"1家店铺或几家店铺的销售额推算"。

"宏观"和"微观"的差别，说白了就是规模的差别。"宏观"的规模相对较大，"微观"的规模相对较小。也就是说，"宏观销售额估算"计算的是"大规模"的销售额，而"微观销售额估算"计算的是"小规模"的销售额。因此，"日本的市场规模"→"规模大"→"宏观销售额估算"，而"1家店铺的销售额"→"规模小"→"微观销售额估算"。但是，需要注意的是，规模的大小是一个相对的概念。

另外，本书涉及的"流量问题"仅限于"销售额（日元）"或"数量（个）"。因为本书的主要内容不是自然科学领域的费米推定，而是商业领域或公共政策领域、日常生活中的费米推定。自然科学领域的费米推定是指以"自然"为对象的费米推定，比如"沙滩上有多少粒沙子"等。要想解决这类问题，大概会需要一定程度的"理科"知识。因此，本书只能放弃这部分内容。

宏观销售额推算和微观销售额推算的方法

本书建议这样计算：

"宏观销售额推算"→"主要从**需求方**角度推算"
"微观销售额推算"→"主要从**供给方**角度推算"

顺带一提，"需求方"是指"买方"，"供给方"是指"卖方"。

下面就一起来思考一下"日本的汽车市场规模"这个"宏观销售额推算"的问题吧。

推算"日本的汽车市场规模"时，很难从"供给方"的角度展开计算。即便将汽车的销售方分为国内制造商和国外制造商，并且只考虑主要企业的销售额，也无法在短时间内正确地把握这些企业的特征。

要想推算"日本的汽车市场规模"，还是要依据日本国内的需求。针对"汽车的市场规模"这个问题，计算单位设定为拥有汽车的主体——"家庭"会比较合适。

也就是说，面对像"汽车的市场规模"这样"宏观销售额推算"的问题时，我们更建议从"需求方"或是"买方"的角度来思考。

接下来，再思考一下"微观销售额推算"的问题，比如"某家星巴克的销售额"。

估算"某家星巴克店铺的销售额"时，相反，我们更建议从"供给方"的角度来计算。因为只要去过星巴克，就能直观地想象作为供给方的星巴克店铺，更准确地把握一家星巴克店铺的座位数、营业时间、设备使用率、翻台率等信息。综合这些要素，制定计算公式，就可以推算出"某家星巴克店铺的销售额"了。

另一方面，从"需求方"的角度来推算"某家星巴克店铺的销售额"是非常困难的。请试想一下位于丸之内[①]的星巴克每天要接待的客人。这些客人中有外国人，也有日本人，即便是日本人，也分为游客、学生，还有白领等。要把握各个客户群体有多少人、在什么时候消费了多少金额等信息，是非常困难的。

但是，要想从"需求方"的角度来计算"星巴克的销售额"也不是不可能，只是需要"曲线救国"。方法如下。

先计算"咖啡店的市场规模"这个"宏观销售额"，然后再假设星巴克的市场份额（%）。"咖啡店的市场规模"乘以星巴克的市场份额，就可以得出"星巴克（企业）的总销售额"。最后再除以星巴克的店铺数，这样就能求出"（1家）星巴克店铺的销售额"了。但需要注意的是，这样计算出来的销售额不是像"丸之内的星巴克"这样某家特定店铺的销售额，而是"每

---

① 丸之内位于东京，是日本著名的商业街。

家星巴克的平均销售额"。

1 家星巴克的平均销售额 = **咖啡店的市场规模** × **星巴克的市场份额** ÷ **星巴克的店铺总数**

我们可以通过"宏观销售额",计算"微观销售额",请大家记住这样特殊的解法。

▲ 这些都是对培养思考力非常有帮助的参考书。尤其是《锻炼地头力》(细谷功 著),我们可以从中学到很多知识。

第**2**章　费米推定的**5**个基本步骤

（1）基本步骤的介绍——5个步骤

费米推定基本按照下列5个步骤推进：**确认前提、方式设定、模式分解、计算、现实性验证。**

接下来，就以"日本有多少个包"这个问题为例，逐一讲解这5个步骤吧。

（ⅰ）确认前提

在"确认前提"这一步中，必须对"包"做出明确的定义（下定义），必须规定好纳入计算的"包"的类型（范围限定）。"包"是一个很笼统的概念，种类繁多，既有像波士顿包那样的大型包，也有像化妆包那样难以鉴定是不是"包"的包。另外，如果按照拥有者分类，又可以分成装饰在店里的"拥有者为法人的包"，以及初高中学生带去学校的"拥有者为个人的包"等。

因此，如果不事先明确定义，限定范围，后续推算的时候就会产生混乱。请先明确"包"的"定义"，然后再"限定计算的范围"。

(ⅱ)方式设定

在"方式设定"中,需要设定基本的计算公式。它和"模式分解"有什么不同呢?从感觉上来讲,"方式设定"思考的是"横向展开"的公式,而"模式分解"思考的则是"纵向分解"的公式。

对于"日本有多少个包"这个问题,如果将范围限定在"个人所拥有的包"上,那么在"方式设定"这一步的时候,可以设定的计算公式是

日本的包的数量 = 日本的人口 × 包的平均拥有数

另外,在"方式设定"这一步中,必须明确"计算单位是什么"。顺便说一下,"单位"是指制作上述公式时的核心要素。常用的"单位"有"面积单位"(如"日本有多少根电线杆")、"个人单位"(如"日本有多少只耳环"),以及"家庭单位"(如"日本有多少辆汽车")。思考"日本有多少个包"这个问题时,会将日本的人口放入公式,所以可以说是"以个人为单位"的问题。

另外,仅靠上述公式无法完全推算出"日本的包的数量"。准确来说,虽然可以算出数量,但是因为作为依据的假设缺乏证据,所以只能得出一个非常笼统的数字。

根据社会课上学到的知识,可以知道日本的人口大约是 1.2

亿。但每个人平均拥有的包的数量并没有一个确切的说法，只能笼统地认为"大约 2 个吧"。

因此，为了得到更加有依据的数字，也为了设定更加精确的公式，必须进行下一步，即"模式分解"。

（iii）模式分解

"模式分解"是指对上述公式中的"日本的人口"和"平均拥有的包的数量"进行纵向分解。

"模式分解"的方法有很多，比如：

像这样，将日本的人口分解成男女以及各年龄段（0～80岁）后，就可以对各类人平均拥有的包的数量有更加具体的把握了，比如"女性的包比男性的多""不满 10 岁的孩子的包没有 20 岁以上的大人的多"等。

在这里，如果可以提供"逻辑依据"来支撑各项"具体的印象"，就接近完美了。但是，即便是对于上述"女性拥有的包的数量比男性多"这一假设，如果要在逻辑上进行更加细致的分析，也会永无止境（和男性相比，女性对时尚更感兴趣→

为了时尚，会买更多的包→女性拥有的包的数量比男性多，等等）。所以点到为止即可。

也就是说，只要提供尽可能准确且能说服对方的假设即可。

（iv）计算

经过"方式设定"（横向展开）和"模式分解"（纵向分解），制定出更加准确的公式，并可以将数字代入各项要素之后，接下来就只需要"计算"了。

"计算"这个步骤追求的是"速度"和"正确性"。即计算时必须快且准。但是，在解决费米推定的问题时，可以使用"凑整计算"的技巧。

比如，将数字代入前面求"包的数量"的公式中后，得出的计算式是

750 万（人）× 47（个）

这时，如果你感觉"计算可能会比较费时或可能会算错"，也可以这样来计算：

$$750 \text{ 万（人）} \times 47 \text{（个 / 人）} \approx 750 \text{ 万（人）} \times 50 \text{（个 / 人）}$$
$$= 375 \text{ 万（人）} \times 100 \text{（个 / 人）}$$
$$= 3.75 \text{ 亿（个）}$$

费米推定的目的本就不是"求出完全正确的数量"，而是

"设定可以算出答案的计算公式"以及（或是）"瞬间算出大概的数字"。因此，即便采用这种"凑整计算"的方式，也不会有太大问题。

（v）现实性验证

最后一步是"现实性验证"。

这一步是用来检查前四步中自己设定的计算公式是否正确、数字是否正确的。如果验证后发现数字是准确的，那自己就会感觉很开心（完全是自我满足）。

顺便说一句，如果在咨询公司的面试中，面试官出了费米推定的问题，而你算出来的数值又太过离谱（比如日本有1万亿个包等），面试官可能会问你一些比较尖锐的问题，比如"这个数值是不是有点奇怪"等。从这层意义上来讲，即便是像面试这样的场合，也需要进行"现实性验证"。

（2）基本步骤的应用——还原面试场景

理解了5个步骤（确认前提、方式设定、模式分解、计算、现实性验证）之后，下面就通过还原咨询公司的面试场景，来讲解一下实际进行费米推定的过程吧。

这里我选用的题目是"日本富维克矿泉水的年消费数量"，并且会重复两次前文中（ⅱ）～（ⅴ）的步骤。

因为在"确认前提"的步骤中对"富维克矿泉水"进行定义和分类时，我们发现"富维克矿泉水的年消费数量"这个问题需要从①"以个人为单位"和②"以家庭为单位"两个方面进行计算。

平常面试时，因为时间关系，一般只会从①和②中选一个来推算。但为了让你能够理解费米推定的深奥，这两个方面我都会讲解。

< 出场人物 >

堀（咨询师）： 大型咨询公司的年轻咨询师

吉永（学生）： 希望能进入咨询公司工作的大三学生

（地点位于六本木的一座写字楼。进入用来面试的会客室，东京的高楼大厦尽收眼底。此时，面试官正背对着窗户坐在那里。）

堀： 你好，我姓堀。感谢你今天来到敝公司。那么，请先做个简单的自我介绍吧。

吉永（下面称为"吉"）：好的。我叫吉永，是 ×× 大学经济系的学生。这学期选修了经营学的研讨课程。另外，我也是大学足球社的一员，去年担任部长。今天请多关照。

堀： 谢谢。你会踢足球啊。其实，我也是从初中就开始踢足球了，节假日的时候，还会经常约朋友一起去踢室内足球。

这个就先不说了，今天我想让你解答一下"案例问题"。之前做过"案例问题"吗？

吉：做过。

堀：那我们就开始吧。嗯……现在我面前放着一个富维克矿泉水的瓶子（500毫升）。

那么，你能计算一下"日本人每年要消费多少富维克矿泉水"吗？

这也就是所谓的"费米推定"问题。你手边有笔和纸，请随意使用。

步骤（ⅰ）确认前提

吉：好的。

首先，我想先明确富维克矿泉水的定义，并对它进行分类。

富维克矿泉水是瓶装矿泉水的一种。根据容器的大小，可以分为几种。

堀：嗯，可以怎么分类呢？

吉：我想将它分为①500毫升以下的和②500毫升以上的。我这样分类，是因为容器的大小关系到"个人是否会随身携带"。

也就是说，我们可以假设①500毫升以下的类型，人们一般会随身携带。而②500毫升以上，即1000毫升或1500毫升的类型，一般都会放在家里饮用。

（边说边在纸上画出下面的"树形图"）

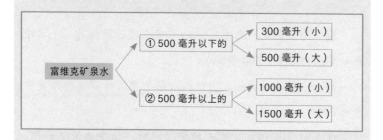

①500毫升以下的富维克矿泉水有两种规格，一种容量较小，只有300毫升。另一种容量相对较大，有500毫升。②500毫升以上的"富维克矿泉水"也有两种规格。一种是1000毫升的，容量相对较小。另一种是1500毫升的，容量相对较大。

①的消费数量可以"**以个人为单位**"计算，②的消费数量可以"**以家庭为单位**"计算出来。

此时，假设①和②每种规格的销量是一样的。那么可以得出：

①的容量＝（300毫升＋500毫升）÷2

　　　　＝400毫升

②的容量＝（1000毫升＋1500毫升）÷2

　　　　＝1250毫升

堀：嗯，不错，请继续。

① 500 毫升以下的富维克矿泉水的年消费数量

步骤（ⅱ）方式设定

吉：好的。我想先计算 ① 500 毫升以下的富维克矿泉水的年消费数量。

可以通过下列公式计算（将公式写在纸上）。

A：日本的人口 ×B：矿泉水的人均消费瓶数 ×C：富维克矿泉水的选择率（市场份额）×D：富维克矿泉水的平均容量

到这里，有问题吗？

堀：嗯，没有。我觉得很好。

吉：假设 A：日本的人口有 1.2 亿人。

D：富维克矿泉水的平均容量，前面已经说过，是（300 毫升＋500 毫升）÷2＝400 毫升。

C：富维克矿泉水的选择率，假设是 20%。

B：矿泉水的人均消费瓶数稍微有点复杂。到这一步，有问题吗？

堀：C：富维克矿泉水的选择率为什么是 20% 呢？

吉：关于 C 的假设我再稍微展开讲一下。

日本市面上有很多矿泉水。其中，便利店、自动贩卖机上最为常见的是依云、富维克和水晶高山泉。

根据我的实际感觉，我假设除了这 3 种矿泉水以外的其他所有矿泉水的市场份额是 50%，而依云、富维克和水晶高山泉的市场份额分别为 20%、20% 和 10%。

堀：原来如此……可以。请继续。

步骤（ⅲ）模式分解

吉：好的。接下来，我想计算一下 B：矿泉水的人均消费瓶数。

计算 B 时，我会将日本的人口按照性别和年龄层进行分类，然后将每个类别每个月的消费瓶数填入表中。

（在纸上画出下列表格）

年龄	10 岁以下	10～19 岁	20～29 岁	30～39 岁	40～49 岁	50～59 岁	60～69 岁	70～79 岁
男	2	4	8	8	6	4	4	4
女	2	6	10	10	8	6	6	6

总计 94 瓶

这些数字是按照下列 3 个假设得来的。

第 1 个假设是 "①20 岁以下的人消费的瓶数相对较少"。因为 20 岁以下的人更喜欢饮用水以外的其他软饮。

第 2 个假设是 "②女性的消费瓶数比男性多"。因为女性对热量、健康更敏感。

第 3 个假设是 "③40 岁以上的人，年龄越大，消费瓶数越少"。因为以前没有喝矿泉水的习惯。

堀：挺有说服力的。那各个年龄段的人口要怎么计算呢？

吉：我将日本的人口简化为最低 0 岁，最高 80 岁，且各个年龄段以及男女的人数都相同。也就是说，各个年龄段的男女人数都是：

$$1.2 亿（人）÷ 8 ÷ 2 = 750 万（人）$$

堀：很好。那么，最后 500 毫升以下的富维克矿泉水的年消费数量是多少呢？请计算一下。

步骤（ⅳ）计算

吉：好的。根据前面的表格，矿泉水每年的消费瓶数为

$$750 万（人）× 94（瓶 / 月·人）× 12（月）$$

$$\approx 750\,万（人）\times 100（瓶/月\cdot 人）\times 12（月）$$
$$= 90\,亿（瓶）$$

再根据一开始设定的公式，计算出<u>富维克矿泉水的年消费数量</u>是

$$90\,亿（瓶）\times 20\% \times 400（毫升）= 7200\,亿（毫升）$$
$$= 7.2\,亿（升）$$

步骤（ⅴ）现实性验证

堀：嗯。富维克矿泉水每年的消费瓶数是 90 亿瓶×20% = 18 亿瓶。也就是说，<u>如果日本的人口按照 1.2 亿来算的话，每个日本人每年平均要喝 15 瓶富维克矿泉水（500 毫升以下）</u>是吧？虽然我感觉稍微有点多，但也没什么大问题。

吉：谢谢。

啊，对了，我刚刚假设 <u>C：富维克矿泉水的选择率或市场份额是 20%</u>。但仔细一想，我没有考虑到"日本国产矿泉水"。

要想让 C：富维克矿泉水的选择率或市场份额更加正确的话，可以按照下列公式来计算：

进口矿泉水的市场份额 × 富维克矿泉水的市场份额（20%）

结果应该会略少于 20%。

堀：确实。刚刚你将依云、富维克和水晶高山泉这 3 种品牌的市场总份额假定为 50%，但实际上，三得利"天然水"等日本国产矿泉水的市场占有率也挺高的。（看手表）……反正还有时间，你可以顺便把②500 毫升以上的富维克矿泉水的年消费数量也计算一下吗？

② 500 毫升以上的富维克矿泉水的年消费数量

步骤（ⅰ）确认前提

吉：前面已经说过，500 毫升以上的富维克矿泉水有 1000 毫升（小）和 1500 毫升（大）两种规格。假设这 2 种规格的销量相同，那么 500 毫升以上的富维克矿泉水的平均容量可以认为是（1500 毫升 +1000 毫升）÷2 = 1250 毫升。

这些规格的矿泉水一般会放在家中的冰箱，而不是随身携带。

也就是说，计算"500 毫升以上"的富维克矿泉水的年消费数量时，必须**以"家庭"为单位**。

堀：明白了。请继续。

吉：② 500 毫升以上的富维克矿泉水年消费数量可以通过下列公式计算（一边说话一边将公式写在纸上）：

A：日本的家庭数量 ×B：会购买矿泉水的家庭比率 ×C：矿泉水的平均消费瓶数 ×D：富维克矿泉水的选择率（市场份额）×E：富维克矿泉水的平均容量

E：富维克矿泉水的平均容量，刚刚说过，是 1250 毫升。

至于 D：富维克矿泉水的选择率，假设进口矿泉水的市场份额是 50%，其中，富维克矿泉水又占 20%，那么，它的选择率就是

50%×20% = 10%

另外，关于 A：日本的家庭数量，假设日本的人口是 1.2 亿，每个家庭的平均人数是父母＋孩子，总共 3 人，那么家庭数量就是

1.2 亿（人）÷3（人 / 户）≒4000 万（户）

B 和 C 还需要进一步细分，到这里有问题吗？

堀：没有。请继续。

步骤（iii）模式分解

吉：为了算出 B：**会购买矿泉水的家庭比率**和 C：**矿泉水的平均消费瓶数**，我将日本的家庭做了如下分类（边说边写）。

如图所示，我将日本的家庭分为"会购买矿泉水"的家庭和"不会购买矿泉水"的家庭。两者各占 50%。补充说明一下，这里所说的矿泉水指的是 500 毫升以上的矿泉水。

接着，我又将"会购买矿泉水"的家庭分为"定期购买"的家庭和"不定期购买"的家庭。

假设"定期购买"的家庭 1 周会买 2 瓶矿泉水。日本家庭的平均人数为 3 人，且矿泉水容量为 1250 毫升……所以，每个人每周喝 1250 毫升 ×2÷3 ≈ 800 毫升矿泉水。

"不定期购买"的家庭，其购买频率和数量各不相同。我

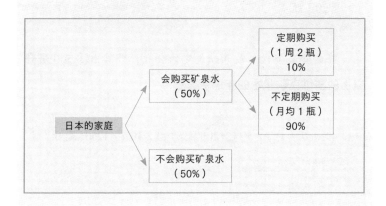

假设他们的月均购买量是 1 瓶。

　　除此之外，我还假设"定期购买"的家庭占 10%，而"不定期购买"的家庭占 90%。这些数字都是基于我的实际感受得来的。

　　堀：这样啊，也可以。接下来，请试着计算一下。

　　步骤（iv）计算

　　吉：好的。先计算 B 和 C。

B：会购买矿泉水的家庭比率 = 50%

C：矿泉水的平均消费瓶数

= 10% × 2（瓶 / 周）× 4（周 / 月）× 12（月）+

　90% × 1（瓶 / 月）× 12（月）

= 9.6（瓶）+ 10.8（瓶）

≈ 20（瓶）

　　将这些数值代入最开始设定的公式，计算出②500 毫升以上的富维克矿泉水的年消费数量为

4000 万（户）× 50% × 20（瓶 / 户）× 10% × 1250（毫升 / 瓶）

= 5000 万（升）

步骤（v）现实性验证

堀：大致明白了。根据你的计算，①500毫升以下的富维克矿泉水的消费数量（算出来是 7.2 亿升，但如果将进口矿泉水的市场占比 50% 也放进公式的话，最后应该是 3.6 亿升），要比②500毫升以上的富维克矿泉水的消费数量（5000万升）多很多啊。

我觉得你在估算②的时候，漏掉了一个要素……怎么样？想到是什么了吗？

吉：（思考了一会儿后）我知道了！在计算①的时候，我是以"消费"的个人为单位的，计算②的时候，则是以"会购买"的家庭为单位。但是，"购买"矿泉水的主体不只有家庭。

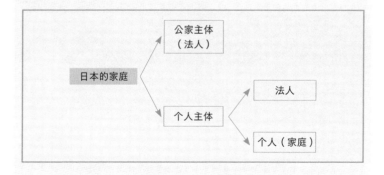

"购买"的主体有"公家"（政府部门等）和"个人"。刚才计算的富维克矿泉水都是"个人主体"中的"个人（家

庭)"购买的。

但事实上，企业等法人也会购买富维克矿泉水。所以如果想要得到正确的数值，就必须把"个人主体"中的"法人"以及"公家主体"也算进去。

堀：没错。加入这个要素之后，你的估算就很完美了。谢谢。面试结果我们会另行通知的。

吉：今天非常感谢。

注：出场人物中的学生吉永，说实话，过于优秀了（笑）。一般面试的时候，很少有人能如此顺畅地解答。

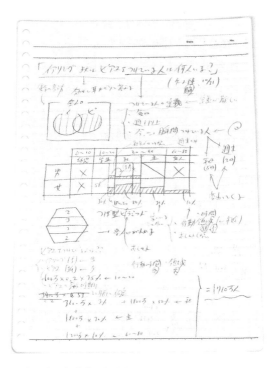

▲ 这是实际解答费米推定问题时打的草稿。可以看出里面运用了很多本书介绍的技巧。而且比起内容的细致程度，书写的速度显然更受重视。

专栏①

费米推定在日常生活中很有用！

本书选用的费米推定的例题或练习题，看起来似乎对日常生活没什么用。比如"日本有多少电线杆"这样的问题，普通人在日常生活中，估计一辈子都不会被问到吧（笑）。

但是，正如我在"前言"部分说的那样，费米推定的魅力不在于可以回答莫名其妙的问题，而是能够锻炼逻辑清晰且高效的思考力，即所谓的"地头力"。

下面我想讲一点我在求职时发生的事。

众所周知，"你选择敝公司的理由是什么？"这个问题是所有求职的人都逃不掉的问题。马上就要开始找工作的学生或社会人士，都会绞尽脑汁地想一个能给对方留下印象的求职动机。

但我因为一直沉迷于费米推定等"案例分析"，所以在不知不觉间养成了遇到任何事都要进行系统（不遗漏、不重复）分析的习惯。因此，我在面试之前，系统地分析了一遍求职动机。结果如下图所示（原本，应该按照"那家公司所属的行业"→"那家公司"→"那家公司内特别想进的部门"进行讲解的，但这里我将它简化了）。

首先，求职动机可分为"①出于直觉的动机"和"②基于理论的动机"。前者概括来讲，就是"无法系统言明理由"的求职动机。因为无法直接说出"喜欢"的理由，所以会讲述"什么时候，在哪里，怎样喜欢上公司或某个特定的职员的"。

而后者"②基于理论的动机"又可以分为两种。一种是"a. 因为将来"。比如"为了将来成为一名优秀的经营者，我想要在咨询公司工作"。另一种是"b. 因为过去"。比如"脑力劳动一直以来都让我很有成就感，所以我想要在需要动脑的咨询公司工作"。

老实说，图上的 4 种动机不可能都在面试时说。但通过系统且全面地分析自己的求职动机，我看清了"自己真正想做的事情"，以及"真正想要就职的公司"。这些都是因为我的逻辑思维能力在解答费米推定问题的过程中有所提升。

像这样，费米推定可以帮助我们锻炼思考能力，解决日常生活中的问题。因此，请认真练习，不要再觉得"电线杆的数量跟自己没有关系"了。

通过 6+1 个类型，
15 个核心问题，
有效培养地头力！

第二部分主要讲解 15 个问题。大致理解这些问题之后，几乎就可以应对所有的费米推定问题了。读完题，不要立刻去看讲解和答案，自己稍微思考一下，可以获得更好的效果。

另外，我按照自己的主观判断，对每一个问题进行了难度分类。从 A 到 C，难度依次上升。希望能够帮助大家。

日本有多少个毛绒玩具？

以个人、家庭为单位求存量的问题

<确认前提>

为了简化问题，本题的计算对象仅限于消费者现在拥有的毛绒玩具。店铺在售的及尚未流通到市场上的库存，均不计算在内。

另外，毛绒玩具的拥有者有可能是个人，也有可能是法人。但因为这是第一道例题，所以就将范围限定为个人所拥有的毛绒玩具。

<方式设定>

日本毛绒玩具的数量，可以通过下列公式计算出来。

日本的人口 × **平均拥有率** × **人均拥有数量**

<模式分解>

以"**性别**"和"**年龄**"为轴，对日本的人口进行分类。请根据自己的实际感觉，在每个格子的左侧写上拥有率，右侧写上人均拥有数量。凭感觉填入之后，结果如下表所示。

另外，我还在表中标注了各数值或数值大小关系的依据。

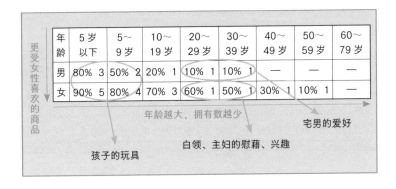

年龄	5岁以下	5~9岁	10~19岁	20~29岁	30~39岁	40~49岁	50~59岁	60~79岁
男	80% 3	50% 2	20% 1	10% 1	10% 1	—	—	—
女	90% 5	80% 4	70% 3	60% 1	50% 1	30% 1	10% 1	—

更受女性喜欢的商品

年龄越大，拥有数越少

宅男的爱好

孩子的玩具

白领、主妇的慰藉、兴趣

接下来需要计算每格的人口数量。在这种情况下，我建议使用壶形年龄锥体。这是一个非常重要的技巧，所以请对照下图，充分理解。

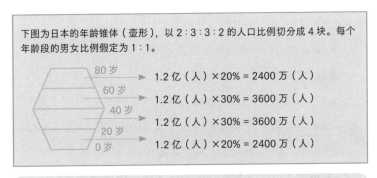

下图为日本的年龄锥体（壶形），以2:3:3:2的人口比例切分成4块。每个年龄段的男女比例假定为1:1。

80岁 → 1.2亿（人）×20% = 2400万（人）

60岁 → 1.2亿（人）×30% = 3600万（人）

40岁 → 1.2亿（人）×30% = 3600万（人）

20岁 → 1.2亿（人）×20% = 2400万（人）

0岁

重要！壶形年龄锥体

假设日本的年龄锥体为壶形年龄锥体后，就可以得出0~19岁和60~79岁这两个年龄段中，每个年龄的男女人口均为60万人（2400万人/20÷2），而20~59岁这个年龄段中，每个年龄的男女人口均为90万人（3600万人/20÷2）。得到这两个数值后，就可以制作出如下按照年龄段和性别进行分类的表格了。

年龄	5岁以下	5～9岁	10～19岁	20～29岁	30～39岁	40～49岁	50～59岁	60～79岁
男	300万	300万	600万	900万	900万	900万	900万	1200万
女	300万	300万	600万	900万	900万	900万	900万	1200万

< 计算 >

综合前面的两张表，可以计算出：

男性：300 万（人）×80%×3（个 / 人）+ 300 万（人）×50%×2（个 / 人）+ 600 万（人）×20%×1（个 / 人）+ 900 万（人）×10%×1（个 / 人）+ 900 万（人）×10%×1（个 / 人）=1320 万（个）

女性：300 万（人）×90%×5（个 / 人）+ 300 万（人）×80%×4（个 / 人）+ 600 万（人）×70%×3（个 / 人）+ 900 万（人）×60%×1（个 / 人）+ 900 万（人）×50%×1（个 / 人）+ 900 万（人）×30%×1（个 / 人）+ 900 万（人）×10%×1（个 / 人）= 4920 万（个）

相加得到日本毛绒玩具的数量是

1320 万（个）+ 4920 万（个）≈ 6200 万（个）

< 现实性验证 >

这个数值相当于日本总人口的一半。人口数量的计算应该没有太大的误差，如果存在误差的话，估计是来源于毛绒玩具的拥有率或人均拥有数量吧。

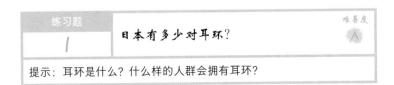

练习题	日本有多少对耳环？	难易度 A
1		

提示：耳环是什么？什么样的人群会拥有耳环？

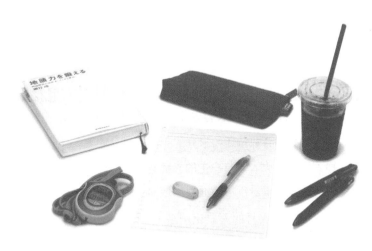

▲这是我计算费米推定问题时必备的 7 种工具：草稿纸、橡皮、自动铅笔、4 色圆珠笔、计时器、《锻炼地头力》及星巴克的冰咖啡。

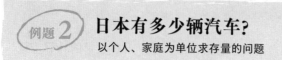

例题 2 **日本有多少辆汽车?**
以个人、家庭为单位求存量的问题

难易度
B

<确认前提>

汽车分家用（家庭所有）和公用（法人所有），本题将计算范围限定在家用汽车。

<方式设定>

日本的汽车数量可以通过下列公式计算出来：

家庭数 × 平均拥有率 × 每个家庭的平均拥有数量

<模式分解>

接下来，请思考一下对家庭进行分类的轴。

首先，公交车、电车等公共交通的发达程度会影响人们对车的需求，所以**城市、农村**这根轴很重要。另外，车比较贵，所以拥有率和拥有数量还与家庭的年收入息息相关。

而家庭的年收入又与**户主的年龄**有关，所以我对城市和农村各个年龄段的户主对汽车的拥有率和拥有数量做出了如下假设。

假设城市和农村的人口比例是 1 : 1（事实上，东京、神奈川、埼玉、千叶、名古屋、大阪、京都和福冈这几个城市的人口总和几乎是日本总人口的一半）。

	户主年龄	20~29岁	30~39岁	40~49岁	50~59岁	60~79岁
城市	拥有率	10%	30%	50%	70%	50%
	拥有数	1	1	1.2	1.2	1.2

考虑到该年龄段的人外出频率降低，稍微调低了一点拥有率

	户主年龄	20~29岁	30~39岁	40~49岁	50~59岁	60~79岁
农村	拥有率	60%	70%	80%	90%	80%
	拥有数	1	1	1.2	1.2	1.2

假设 10 户人家中有 2 户拥有 2 辆车，那么每户的平均拥有数为 1.2 辆

　　我认为农村的家庭人数会比城市多，所以假设城市的家庭平均人数是 2.5 人，而农村的家庭平均人数是 3.5 人。由此可以计算出城市和农村的家庭数量分别为

城市：6000 万（人）÷ 2.5（人 / 户）= 2400 万（户）

农村：6000 万（人）÷ 3.5（人 / 户）≈ 1700 万（户）

　　接下来，请思考一下各个年龄段户主的占比。假设城市里的年轻家庭较多，并且各个年龄段的占比如下。

户主年龄	20~29岁	30~39岁	40~49岁	50~59岁	60~79岁	总计
城市	20%	20%	25%	25%	10%	2400 万户
农村	15%	15%	20%	25%	25%	1700 万户

→可以分别得出城市和农村各个年龄段的户主的家庭数

< 计算 >

　　至此，各项数据都准备就绪。

比如，城市里户主年龄为 20～29 岁的家庭拥有的汽车数量为

城市的家庭数 × 户主年龄为 20～29 岁的家庭占比 × 平均拥有率 × 平均拥有数

= 2400 万（户）× 20% × 10% × 1（辆／户）

根据上述两张表，可以计算出各个年龄段的户主家庭所拥有的汽车数量。最后将这些数量相加，即可得出日本家用汽车的数量。

城市：2400 万（户）× 20% × 10% × 1（辆／户）

+ 2400 万（户）× 20% × 30% × 1（辆／户）

+ 2400 万（户）× 25% × 50% × 1.2（辆／户）

+ 2400 万（户）× 25% × 70% × 1.2（辆／户）

+ 2400 万（户）× 10% × 50% × 1.2（辆／户）

= 1200 万（辆）

农村：1700 万（户）× 15% × 60% × 1（辆／户）

+ 1700 万（户）× 15% × 70% × 1（辆／户）

+ 1700 万（户）× 20% × 80% × 1.2（辆／户）

+ 1700 万（户）× 25% × 90% × 1.2（辆／户）

+ 1700 万（户）× 25% × 80% × 1.2（辆／户）

≈ 1500 万（辆）

因此，家用车总量为

城市：1200 万（辆）+ **农村**：1500 万（辆）＝ 2700 万（辆）

< 现实性验证 >

根据汽车检查登记信息协会（财）的数据，2008 年 9 月登记的家用车数量为 5782 万辆。推算值比实际数量少很多，可能是因为低估了城市家庭的汽车拥有率。

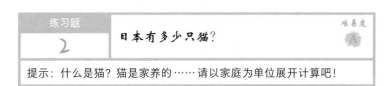

练习题 2	日本有多少只猫？	难易度 A
提示：什么是猫？猫是家养的……请以家庭为单位展开计算吧！		

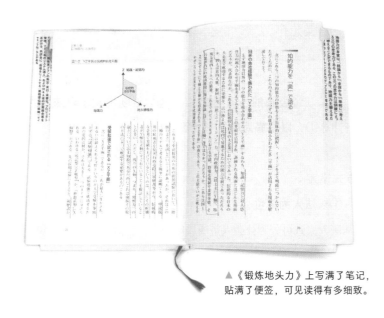

▲《锻炼地头力》上写满了笔记，贴满了便签，可见读得有多细致。

日本有多少个垃圾箱？

例题 3

以法人为单位求存量的问题

难易度

C

<确认前提>

对垃圾箱进行分类，可得出以下结果。

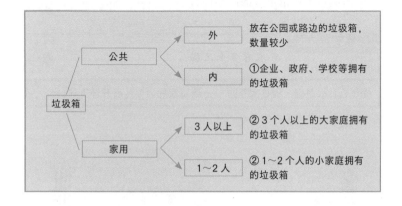

请从"垃圾箱的所有者是谁"这个角度出发，**以法人为单位来计算①**，**以家庭为单位**来计算②。

<方式设定>

①以法人为单位

法人大致可分为社会人员所属的公司（包括政府部门、NPO[①]、

[①] 非营利组织。是指不以营利为目的的组织或团体。

NGO[①]等机构）和学生所属的学校。

法人拥有的垃圾箱数量可以通过下列公式求得：

公司的数量 × **平均每家公司的垃圾箱数量**
＋**学校的数量** × **平均每所学校的垃圾箱数量**

②以家庭为单位

家庭人数不同，垃圾箱的数量也会有所不同。所以我将家庭大致地分为了 1～2 人的小家庭和 3 人以上的大家庭。

家庭拥有的垃圾桶数量可以通过下列公式求得：

小家庭的数量 × **平均每个小家庭的垃圾箱数量**
＋**大家庭的数量** × **平均每个大家庭的垃圾箱数量**

< 模式分解 >

①以法人为单位

• 公司

如果你知道全日本有多少家公司，那就简单了。但不知道也没关系，可以通过下列公式计算出来。

公司的数量 ＝ **日本的劳动人口** ÷ **平均每家公司的员工数**

---

① 非政府组织。是一类不属于任何政府，不由任何国家建立的组织，通常独立于国家。

另外，假设 20～59 岁这个年龄段中的每一个年龄都有 180 万人（参考 37 页壶形年龄锥体），且 90 万女性中有一半是家庭主妇。那么将这一部分人去除之后，就可以算出日本的劳动人口为

180 万（人 / 年）× 40（年）- 90 万（人 / 年）× 50% × 40（年）= 5400 万（人）

接下来，计算平均每家公司的员工数。

假设 90% 的公司是 10 人的小公司，10% 的公司是 100 人的大公司。那么计算加权平均值后，可以得到平均每家公司的员工数为 20 人左右［10（人）× 90% + 100（人）× 10%］。

综上，可以算出公司的数量为

5400 万（人）÷ 20（人 / 家）= 270 万（家）

我根据自己的实际感觉，假设 2 个人用 1 个垃圾箱，那么平均每家公司的垃圾箱数量就是

20（人）÷ 2（人 / 个）= 10（个）

• 学校

下面来计算学校的数量。学校的数量可以通过下列公式求得：

学校的数量 = 学生人数 ÷ 平均每所学校的学生人数

假设 6~20 岁这个年龄段中每一个年龄的学生人数为 120 万人。那么学生总人数就是

120 万（人 / 年）× 15（年）= 1800 万（人）

另外，小学有 6 个年级，初中和高中有 3 个年级，大学有 4 个年级。这里取其平均值，假设每个学校有 4 个年级，且每个年级 100 人，那么平均每所学校的学生人数就是

100（人）× 4 = 400（人）

综上，可以算出学校的数量为

1800 万（人）÷ 400（人 / 所）= 4.5 万（所）

我根据自己的实际感觉，假设 20 个人用 1 个垃圾箱，那么每所学校的垃圾箱数量就是：

400（人）÷ 20（人 / 个）= 20（个）

②以家庭为单位
小（大）家庭的数量可通过下列公式求得：

小（大）家庭的数量 = 家庭总数 × 小（大）家庭的占比

假设日本人口为 1.2 亿人，1 个家庭的平均人数为 2.5 人（为了简化，很多时候也可以假设为 3 人），那么家庭总数就是

1.2 亿（人）÷ 2.5（人 / 户）= 4800 万（户）

根据实际感觉，假设 1 人家庭占 30%，2 人家庭占 30%，3 人以上的家庭占 40%。那么，小（大）家庭的占比（参考现实性验证）就是

小家庭的占比 = 60%
大家庭的占比 = 40%

综上，可以计算出小（大）家庭的数量分别为

小家庭的数量 = 4800 万（户）× 60% ≈ 2900 万（户）
大家庭的数量 = 4800 万（户）× 40% ≈ 1900 万（户）

关于小（大）家庭拥有的垃圾箱数量，根据实际感觉，假设：

每个小家庭的垃圾箱数量 = 1 个
每个大家庭的垃圾箱数量 = 3 个

<计算>

接下来，请运用上面推算出的所有数值，快速展开计算。

①以法人为单位

法人所拥有的垃圾箱数量是

270 万（家）× 10（个 / 家）+ 4.5 万（所）× 20（个 / 所）

≈ 2800 万（个）

②以家庭为单位

家庭拥有的垃圾箱数量是

2900 万（户）× 1（个 / 户）+ 1900 万（户）× 3（个 / 户）

= 8600 万（个）

①和②相加，即可得出日本的垃圾箱数量是

2800 万（个）+ 8600 万（个）

= 1.14 亿（个）

<现实性验证>

根据日本国税局的数据，法人数量为 2536878 家（2004 年度）。根据文部科学省的数据，学校的数量为 47912 所（2003 年度）。可见，本文推算出来的公司数量和学校数量跟实际很

接近。

另外，根据 2005 年的日本人口普查，日本的家庭总数为 4906.3 万户，其中 1 人家庭占 29%，2 人家庭占 26%，3 人家庭占 18%，4 人家庭占 15%，5 人以上家庭占 5.8%。需要注意的是，1 人家庭和 2 人家庭的占比均少于 30%。

练习题 3	日本有多少台复印机？	难易度 C

提示：请先对复印机分类！另外，拥有复印机的主体是谁呢？

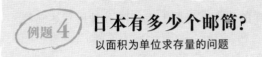

例题 **4** 日本有多少个邮筒？

以面积为单位求存量的问题

<确认前提>

　　邮筒是为了给国民提供统一的邮政服务而在日本各地设置的准公共物。接下来，就简单地**以面积为单位**来思考这个问题吧。

<方式设定>

　　日本的邮筒数量可通过下列公式计算出来：

　　日本的面积 ÷1 个邮筒的覆盖面积

<模式分解>

　　日本的国土面积约为 38 万平方千米[①]，假设其中 3/4 是山地，1/4 是平原。

　　同时假设山地的 1/3 是无人区，2/3 是有人居住的。

　　无人的山地自然是没有邮筒的，那么有人的山地和平原各有多少邮筒呢？接下来，就请根据自己的实际感觉做出假设吧。

　　假设在有人的山地，以 4 千米 / 小时的速度走 30 分钟，即

————————

① 　根据我国外交部数据，日本国土面积为约 37.8 万平方千米。本书中为了便于计算，取整数 38 进行运算。

可到达邮筒。以同样的速度在平原上走，15 分钟可到达邮筒。
那么（如下图）：

有人的山地（农村）：每个 2 千米见方的区域内有 1 个

平原（城镇）：每个 1 千米见方的区域内有 1 个

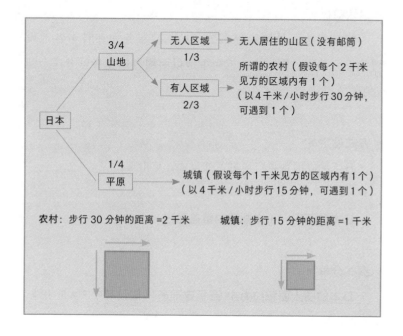

<计算>

综上，可推算出日本的邮筒数量为

38 万（平方千米）× 3/4 × 2/3 ÷ 4（平方千米 / 个）+ 38 万
（平方千米）× 1/4 ÷ 1（平方千米 / 个）

≈ 14 万（个）

<u>~~~~~~~~</u>

< 现实性验证 >

根据日本邮政集团的杂志 *Disclosure*（2008 年）数据，2007 年度的邮筒数量为 <u>192157</u> 个。可见这次的推算的准确度还是可以的。

练习题 4	日本有多少根电线杆？	唯易度 A
提示：超著名的问题！解法基本和求邮筒数量一样！		

例题 **5** 日本有多少家便利店？
以面积为单位求存量的问题

难易度
B

<确认前提>

便利店的开设数量和人口密度成正比关系。因此，请先**以面积为单位**，推算出大家较为熟悉的东京的便利店数量。再用"日本的总人口 ÷ 东京的人口"，算出人口倍数。最后两个数值相乘即可。

<方式设定>

日本的便利店数量可通过下列公式求得：

东京的便利店数量 ×（日本的总人口 / 东京的人口）

<模式分解>

①东京的便利店数量

东京的便利店数量可通过下列公式求得：

东京的面积（平原）÷ 平均每家便利店的覆盖面积

先来计算东京的面积（平原）。

东京的西边 1/4 是山地，所以平原的面积可视作：

南北线从赤羽岩渊出发，途径目黑，最后到达多摩川站，大约需要 1 小时。东西线或 JR 线从葛西出发，途径中野、三鹰，最后到达奥多摩站，大约需要 2 小时

假设电车的平均速度为 40 千米 / 小时，那么就可以将东京看作是一个南北长 40 千米，东西长 80 千米的长方形。所以，东京的面积 = 40（千米）×80（千米）= 3200（平方千米）

约 2 小时

约 1 小时

重要！东京的面积

3200（平方千米）× 3/4 = 2400（平方千米）

接下来，对于平均每家便利店的覆盖面积，做出如下假设。

·在东京，每个车站有 2～3 家便利店。

·电车速度为 40 千米 / 小时，且两站之间用时 3 分钟。由此可以算出两站之间的距离为 2 千米。

·每个 2 千米见方的区域，即每 4 平方千米，有 2.5 家（取 2～3 家的平均值）便利店。

综上，可推算出平均每家便利店的覆盖面积为

4（平方千米）÷ 2.5（家）= 1.6（平方千米 / 家）

即每 1.6 平方千米就有 1 家便利店。

因此，东京的便利店数量为

2400（平方千米）÷1.6（平方千米/家）=1500（家）

②日本的总人口/东京的人口

接着，来计算"日本的总人口/东京的人口"。

日本的总人口：1.2亿人

东京的人口：白天人口为1500万人，夜间人口为1200万人，取其中间值，即1400万人（为了方便计算，也可以只取白天人口或夜间人口）

根据上述数据，可计算出日本的总人口/东京的人口为

1.2亿（人）/1400万（人）≈8.6

< 计算 >

根据①和②，可求得日本的便利店数量为

1500（家）×8.6≈1.3万（家）

< 现实性验证 >

根据社团法人日本加盟连锁协会的《便利店统计调查月报》（2008年），全国有41666家便利店。上文推算出的数值还不到

正确答案的 1/3。究其原因，可能是因为"每个车站有 2～3 家便利店"的假设太少了，毕竟市中心的商业街（涩谷、新宿等）有几十家便利店。

练习题 5	日本有多少家星巴克？	难易度 B

提示：请先推算自己所在区域的星巴克店铺数！和便利店一样，可以使用"店铺的数量和人口成正比"的假设！

▼就像这样，解答了很多题目。东大学生的笔记是否美观……就交给读者来判断了。

例题 **6**

日本有多少家提供外卖服务的比萨店?

以面积为单位求存量的问题

< 确认前提 >

　一定时间内骑手可以送达的区域里,应该会有 1 家提供外卖服务的比萨店。本题可以**以面积为单位**,计算"日本提供外卖服务的比萨店数量"。

< 方式设定 >

　日本提供外卖服务的比萨店数量,可通过下列公式求得:

日本的面积 ÷1 家店铺的覆盖面积

< 模式分解 >

　①**日本的面积**

　日本的面积取整以 38 万平方千米计算。假设其中山地占 3/4,平原占 1/4。山地中,无人区域又占 1/3,有人区域占 2/3。

　由此可以算出农村(有人)和城镇的面积分别为 19 万平方千米和 9.5 万平方千米。

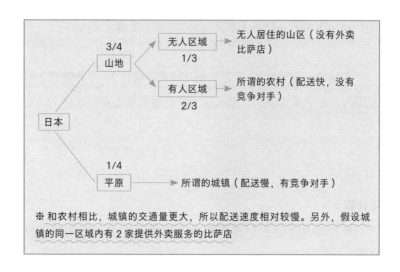

※ 和农村相比，城镇的交通量更大，所以配送速度相对较慢。另外，假设城镇的同一区域内有 2 家提供外卖服务的比萨店

② 1 家店铺的覆盖面积

推算 1 家店铺的覆盖面积时，需要分成**农村**和**城镇**两种情况考虑。

在农村，假设以 30 千米 / 小时的速度骑行 30 分钟能到达的范围内，有 1 家提供外卖服务的比萨店。那么这家店铺的覆盖面积就是

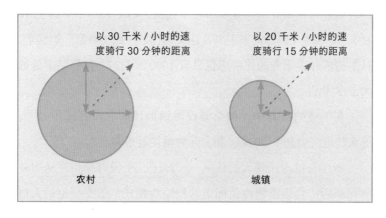

$$15（千米）\times 15（千米）\times \pi \approx 700（平方千米）$$

在城镇，假设以 20 千米 / 小时的速度骑行 15 分钟能到达的范围内，有 2 家比萨店。那么这 2 家店铺的覆盖面积就是

$$5（千米）\times 5（千米）\times \pi \approx 75（平方千米）$$

< 计算 >

根据①和②，可以推算出日本提供外卖服务的比萨店数量为：

19 万（平方千米）/ 700（平方千米）× 1（家）
+ 9.5 万（平方千米）/ 75（平方千米）× 2（家）
≈ 2800（家）

< 现实性验证 >

就算将比萨外卖行业中市场占比前三的 PIZZA-LA（约 530 家）、必胜客（约 360 家）以及达美乐比萨（约 180 家）加起来，日本提供外卖服务的比萨店也只有 1000 家左右。推算结果远远大于现实。

在上述的推算中，如果假设城镇的比萨店没有竞争对手，那么数量将会是 1500 家，和实际数量接近很多。

而且农村占比较大的地区，实际上几乎没有提供配送服务的比萨店。合理推测商品配送这种商业模式，需要一定的人口

密度作为开店条件。

　　例：2009 年 1 月（数据来自各公司官网）

　　四国：PIZZA-LA 0 家，必胜客 4 家，达美乐比萨 1 家

　　九州：PIZZA-LA 0 家，必胜客 4 家，达美乐比萨 2 家

练习题 6	日本有多少家消防署？	难易度 B

提示：和提供配送服务的比萨店一样，一定时间内能到达的区域内，应该只有 1 家……

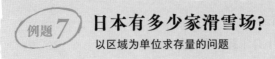

日本有多少家滑雪场？
以区域为单位求存量的问题

难易度

< 确认前提 >

滑雪场的存在需要"下雪"这一气象条件。请回忆一下日本列岛的地图，然后**以都道府县为单位**（以区域为单位），计算数量。

< 方式设定 >

<u>日本的滑雪场数量</u>可以通过下列公式求得：

平均每个都道府县的滑雪场数量 × 有滑雪场的都道府县数量

< 模式分解 >

按照<u>年积雪量，对日本的都道府县进行分类</u>，结果如下：

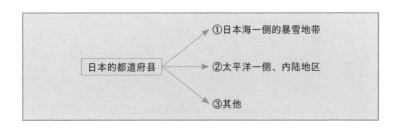

接下来，根据与面积、积雪量相关的地理知识以及自身的

感觉和经验，做出下列假设（括号内为各都道府县拥有的滑雪场数量）

①日本海一侧的暴雪地带：北海道（60）、青森（30）、秋田（30）、山形（30）、新潟（40）、富山（30）、石川（30）。

②太平洋一侧、内陆地区：岩手（20）、宫城（20）、福岛（20）、长野（20）、岐阜（20）。

③除冲绳外，其他34个县的山区各有5个滑雪场。

< 计算 >

①～③的滑雪场数量如下：

①日本海一侧的暴雪地带有250个。
②太平洋一侧、内陆地区有100个。
③其他地区有170个（34×5）。

因此，可以推算出日本的滑雪场数量为

250（个）+ 100（个）+ 170（个）= 520（个）

< 现实性验证 >

根据《关于滑雪场产业的动向调查》（2006年日本自由时间运动研究所），日本有708个滑雪场。这次推算出的数值还比较

合理。关于各都道府县的滑雪场数量孰多孰少这种相对的数量关系，可以根据面积、年降雪量等做出合理的判断。但是绝对数量却只能凭借自己的实际感觉。可以说设定绝对的数值，是本题的难点。

另外，这个问题也可以通过"宏观需求 ÷ 微观供给"的公式来解答（参考例题 15）。

也就是说，在方式设定时，将推算滑雪场数量的公式设为

滑雪场每年的总利用人数 ÷ 1 个滑雪场平均每年的总利用人数

想要挑战的人也请试试这个方法。

练习题 7	世界遗产有多少个？	难易度 C
提示：联合国教科文组织每年都会对各国的世界遗产进行认证。请以国家为单位，推算世界遗产的数量！		

日本有多少个滑梯？
以区域为单位求存量的问题

< 确认前提 >

假设滑梯存在于学校（小学和幼儿园）和公园两个地方。下面就**以学校和公园为单位**（以区域为单位），推算滑梯的数量吧。

< 方式设定 >

日本的滑梯数量可通过下列公式求得：

学校的数量 × 滑梯的存在率（学校）× 平均拥有量（学校）
+ 公园的数量 × 滑梯的存在率（公园）× 平均拥有量
（公园）

< 模式分解 >

①**学校的数量**

这里的"学校"指的是小学和幼儿园，所以其数量可以通过下列公式计算：

小学的数量 + 幼儿园的数量
= **小学生人数** / 平均每所小学的学生数 + **幼儿园人数** / 平均每所幼儿园的儿童数

假设日本所有小学每个年级的学生数为 120 万人，平均每所小学每个年级有 100 个学生，那么小学的数量就是

小学生人数 / 平均每所小学的学生数
= ［120 万（人）× 6］/［100（人 / 所）× 6］
= 1.2 万（所）

接着，假设幼儿园的孩子年龄在 3～5 岁之间，每个年级的儿童数（考虑到少子化）为 110 万人，平均每所幼儿园有 100 个儿童。那么幼儿园的数量就是

幼儿园人数 / 平均每所幼儿园的儿童数
= ［110 万（人）× 3］/100（人 / 所）
= 3.3 万（所）

因此，学校的数量是

1.2 万（所）+ 3.3 万（所）
= 4.5 万（所）

②存在率、平均拥有量（学校）

假设 5 所学校里有 1 所会因为占地面积小而没有滑梯。那么滑梯的存在率（学校）就是 80%。再假设平均拥有量（学校）是 1 个。

③公园的数量

假设公园分为供大人休息放松的公园和供孩子玩耍的公园。

供孩子玩耍的公园会设置滑梯，所以是本题的计算对象。再假设供孩子玩耍的公园数量和0～10岁儿童的人口密度成正比关系。

接下来，（我）会先**以面积为单位**，推算出自己比较熟悉的东京的公园数量。然后再通过全国儿童数量和东京儿童数量的比例，计算出全国的公园数量。

也就是说，公园的数量为

东京的公园数量 ×（全国的儿童数量 / 东京的儿童数量）

东京的公园数量根据地理知识和实际感觉来估算。假设1个区有大大小小100个公园，那么东京（23个区 +30个市镇村）的公园数量就是

100（个）× 53（区、市、镇、村）
= 5300（个）

根据年龄锥体，全国的儿童人口占总人口的10%。考虑到东京的年轻人口占比较大，所以假设东京的儿童人口占比为15%。那么，全国的儿童数量 / 东京的儿童数量就是

〔1.2 亿（人）× 10% 〕/〔1200 万（人）× 15%〕
= 6.7

综上，可以算出公园的数量是

5300（个）× 6.7 = 3.6 万（个）

④存在率、平均拥有量（公园）

因为事先对公园的设定就是配备玩耍设备的玩耍型公园，所以滑梯的存在率（公园）应该很高。这里假设为 90%。同时假设平均拥有量（公园）为 1 个。

< 计算 >

根据①~④的数据，可以推算出日本的滑梯数量为

学校的数量 × 滑梯的存在率（学校）× 平均拥有量（学校）
+ 公园的数量 × 滑梯的存在率（公园）× 平均拥有量（公园）
= 4.5 万（所）× 80% × 1（个 / 所）+ 3.6 万（个）
　× 90% × 1（个 / 个）
= 6.84 万（个）

< 现实性验证 >

①关于学校的数量

日本文部科学省管辖的小学大约有 2.4 万所，幼儿园大约有

1.3 万所。厚生劳动省管辖的托儿所有 2.3 万所。三者相加，一共有 6 万所学校。上文推算出来的 4.5 万所和现实相差不大，可以说在合理范围之内。

②关于公园的数量

根据《朝日新闻》的报道，由日本国土交通省管辖的全国城市公园总数为 9.34 万个左右。这个数值包含了供大人放松休息的公园和供孩子玩耍的公园两种。因此，日本全国范围内有 3.6 万个供孩子玩耍的公园，也算合理。

练习题	东京有多少只鸽子？	难易度
8		
提示：鸽子会停留在哪些地方？请展开你的想象力，思考一下。		

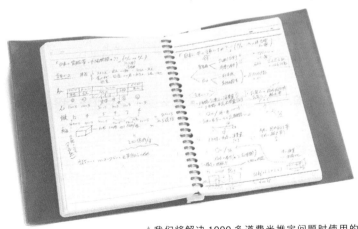

▲我们将解决 1000 多道费米推定问题时使用的草稿纸整理在 1 个文件夹里。这既是本书的素材，也是充满了回忆的纪念品。

毛绒玩具的市场规模有多大？
求宏观销售额的问题

< 确认前提 >

　　推算毛绒玩具的市场规模时，可以将计算对象限定为个人拥有的毛绒玩具。另外，"市场规模"是指在日本一年的市场规模。

< 方式设定 >

　　毛绒玩具的市场规模可以通过下列公式计算：

毛绒玩具的平均单价 × 毛绒玩具的销售量

　　毛绒玩具的销售量又可以通过下列公式求得：

日本的人口 × 毛绒玩具的购买率 × 一年的人均购买量

< 模式分解 >

　　以**性别**和**年龄**为两轴对日本人进行分类，然后根据自己的实际感觉在每格的上方填入毛绒玩具的购买率，下方填入一年的人均购买量。

更受女性喜欢的商品

年龄	5岁以下	5~9岁	10~19岁	20~29岁	30~39岁	40~49岁	50~59岁	60~79岁
男	80% 0.5	50% 0.3	20% 0.25	10% 0.2	10% 0.2	—	—	—
女	90% 1	80% 0.5	70% 0.3	60% 0.25	50% 0.25	30% 0.2	10% 0.2	—

年龄越大，拥有数越少

※ 毛绒玩具购买率的设定和求存量时毛绒玩具拥有率的设定相同（参考例题1）
※ 一年的人均购买量为0.5，是按照2年买1个的频率来计算的

<计算>

和求存量时一样，先计算各类人口的数量，再和上表中的数值相乘，即可得出下表的数值（计算请参照例题1）。

年龄	5岁以下	5~9岁	10~19岁	20~29岁	30~39岁	40~49岁	50~59岁	60~79岁
男	120万	45万	30万	18万	18万	—	—	—
女	270万	120万	126万	135万	113万	54万	18万	—

总计 1067 万个

假设毛绒玩具的平均单价为1000日元，那么毛绒玩具的市场规模就是：

1000（日元）× 1067万（个）≈ 107亿（日元）

<现实性验证>

根据矢野经济研究所的《玩具产业的最新市场动向调查结果》，2004 年的毛绒玩具市场规模为 200 亿日元。从结果来看，推算时，也许应该将一年的人均购买数量设置得多一点。

练习题 9	耳环的市场规模有多大？	难易度 B
提示：其实，市场规模的计算方法有很多。请自己开动脑筋想想！		

▲ 这是我的笔记。运用费米推定锻炼逻辑思维能力之后，我平时的笔记也变得更加有逻辑。

例题10 新干线列车上的咖啡销售额有多少?

求宏观销售额的问题

＜确认前提＞

将计算范围限定为新干线（东海道新干线东京—博多区间往返）列车上 1 天（工作日）的咖啡销售额。

＜方式设定＞

新干线列车上 1 天的咖啡销售额可以通过下列公式求得：

1 天的新干线列车数量 ×1 辆新干线列车的平均销售额

①新干线列车的数量

新干线列车的数量可以通过下列公式求得：

（新干线列车的运行时间 / 运行间隔）×2（往返）

此处新干线列车的运行时间可分为早上（6 点—10 点）、白天（10 点—18 点）和晚上（18 点—22 点）3 个时段。

① 新干线列车的数量

假设新干线早上、白天、晚上的发车间隔分别是 40 分钟、20 分钟和 30 分钟。那么各时段新干线列车的数量分别为

早上：（4 小时 /40 分钟）× 2 = 12（辆）

白天：（8 小时 /20 分钟）× 2 = 48（辆）

晚上：（4 小时 /30 分钟）× 2 = 16（辆）

② 1 辆新干线列车的平均销售额

1 辆新干线列车的平均销售额可通过下列公式求得：

车厢座位数 × 满座率 × 车厢数量 × 周转率 × 咖啡购买率 × 咖啡单价

根据常识，假设人均购买量为 1 杯。另外，周转率是从始发站到终点站的总运行时间除以乘客的平均乘车时间所得。比如，从东京到博多需要 6 小时，而乘客的平均乘车时间假设为 3 小时，那么，周转率就是 6 ÷ 3 = 2。

< 模式分解 >

将数值填入相应的格中，结果如下一页表所示。

< 计算 >

综上，将表格最右侧各时段的销售额相加，即可得到 1 天的销售额为

	新干线列车数量	车厢座位数	满座率	车厢数量	周转率	购买率	单价	销售额
早上（6 点—10 点）	12 辆	100	20%	12	2	8%	300 日元	14 万日元
白天（10 点—18 点）	48 辆	100	80%	12	2	5%	300 日元	138 万日元
晚上（18 点—22 点）	16 辆	100	50%	12	2	5%	300 日元	29 万日元

根据实际感觉假设

假设方法如上

早上比较困倦

早上：14 万（日元）+ **白天**：138 万（日元）+ **晚上**：29 万（日元）≈ 180 万（日元）

< 现实性验证 >

1 家星巴克的日均销售额为 30 万日元左右，上面推算出来的新干线列车中的咖啡销售额差不多等于 6 家星巴克的总销售额。

练习题 *10*	一次性筷子的年消耗量是多少？	难易度 B
	提示：使用一次性筷子的都是个人。在个人这个群体中，什么样的人会经常使用一次性筷子呢？一般什么场合会使用一次性筷子呢？	

例题 11 日本新车的年销售量有多少?

难易度

求宏观销售额的问题

<确认前提>

和求存量时一样，本题将计算范围限定为日本国内的家用汽车，推算家用汽车中新车的年销售量。另外，家用汽车一般都会以户主的名义注册，**以家庭为单位**来推算比较合适。这道题虽然是求销售量的问题，但也可以把它当作求宏观销售额的一个环节。

<方式设定>

考虑到人们对汽车的需求分为新购置（第一次买）和以旧换新（买新车取代旧车），汽车中新车的年销售量可以通过下列公式计算：

新购置数 + 以旧换新数

新购置数和以旧换新数又分别可以通过下列公式推算：

①**新购置数 = 家庭数 × 新购置率 × 平均购买数**（假设为 1 辆）

②以旧换新数 =（**存量 / 耐用年数**）× **追加购买率**（假设为 100%）× **平均购买数**（假设为 1 辆）

此处假设追加购买率为 100%，是因为家用汽车是日常生活中不可或缺的耐用消费品，过了耐用年数之后，100% 会换购新的。

< 模式分解 >

①新购置数

日本的家庭可分为**城市**和**农村**两类。

另外，汽车的新购置率和户主年龄成正比关系。汽车价格较高，所以新购置率和家庭的年收入成正比。而家庭的年收入又和户主的年龄成正比关系。

我以**农村、城市**和**户主年龄**为轴，制作了下表。

	户主年龄	20～29 岁	30～39 岁	40～49 岁	50～59 岁	60～79 岁
城市	新购置率	10%/10 年	20%/10 年	20%/10 年	20%/10 年	20%/20 年
农村	新购置率	60%/10 年	10%/10 年	10%/10 年	10%/10 年	10%/20 年

农村需要车

※ 在本表中，城市里 20～29 岁的户主，每年的新车购置率为 1%。假设 20～29 岁的户主中，购买新车的比率为 10%。那么在这 10 年里，一年的新车购置率就是 10%÷10（年）=1%

另外，通过下列这张显示各年龄段**户主**占比的表格，可以求出家庭数（参照例题 2）

户主 年龄	20～ 29 岁	30～ 39 岁	40～ 49 岁	50～ 59 岁	60～ 79 岁	总计
城市	20%	20%	25%	25%	10%	2400 万户
农村	15%	15%	20%	25%	25%	1700 万户

综合上面两张表，即可推算出各年龄段的汽车新购置数。

②以旧换新数

假设：存量为 2700 万（辆）（参照例题 2），耐用年数为 10 年。

<计算>

①新购置数

根据上述表格，可推算出如下新购置数。

	户主年龄	20～ 29 岁	30～ 39 岁	40～ 49 岁	50～ 59 岁	60～ 79 岁	总计
城市	新购置数	4.8 万	9.6 万	12 万	12 万	2.4 万	40.8 万
农村	新购置数	15.3 万	2.55 万	3.4 万	4.25 万	2.13 万	27.6 万

所以，新购置数为

城市：40.8 万（辆）+ **农村**：27.6 万（辆）≈ 68 万（辆）

②以旧换新数

另外，以旧换新数为

2700 万（辆）÷ 10（年）= 270 万（辆 / 年）

综合①和②，可以推算出汽车中新车的年销售量为

68 万（辆）+ 270 万（辆）≈ 340 万（辆）

< 现实性验证 >

根据日本汽车销售协会联合会的数据，2008 年的新车销售量为 5082133 辆。推算的数值还算合理。比实际少的主要原因应该是推算以旧换新数时，直接使用了例题 2 中推算出的存量 2700 万辆。（实际上，2008 年 9 月的家用汽车注册量为 5782 万辆）

练习题	按摩椅的市场规模是多少？	难易度 B
11		
提示：拥有按摩椅的主体是？购买的类型有哪些呢？		

星巴克的销售额有多少?
求微观销售额的问题

< 确认前提 >

本题中,星巴克的销售额是指 1 家特定店铺 1 天的销售额。我推算的是我自己经常光顾的本乡三丁目的星巴克。另外,销售额由堂食和外带两部分构成。周边和外卖的销售额占比较少,所以这次就没有将其计算在内。

< 方式设定 >

星巴克 1 天的销售额可以通过下列公式推算:

客单价 × **顾客数**

另外顾客数又可以通过下列公式求得:

总容量 × 使用率 × 翻台率 × 营业时间

但是,这里需要注意的是,计算顾客数量时,必须分别考虑堂食和外带两种情况。

因此,需要对公式中"总容量 × 使用率 × 翻台率"的部分稍加改动,变成下列公式:

顾客数 ＝〔**堂食客人数** × **翻台率** ＋ **外带客人数**（每 1 个小时）〕× **营业时间**

※ 推算外带客人数时，不需要考虑翻台率。

< 模式分解 >

时间段不同，星巴克的客流量以及用餐食物也不一样。也就是说，上述各要素的数值会有所不同。因此，建议分时段推算。

时间段	客单价	堂食客人数	翻台率	外带客人数（每 1 个小时）	营业额
早上 （8 点—11 点） 3 小时	400 日元	20 人	1	4 人	2.88 万日元
中午 （11 点—13 点） 2 小时	700 日元	50 人	2	30 人	18.2 万日元
下午 （13 点—18 点） 5 小时	600 日元	30 人	0.5	3 人	5.4 万日元
晚上 （18 点—22 点） 4 小时	400 日元	20 人	1	4 人	3.84 万日元

本表中的数值是基于下述假设计算出来的。

①客单价

早上和晚上，顾客主要购买的是咖啡（饮料），所以客单价较低，假设为 400 日元。

中午是午餐时间，所以顾客会购买面包类的产品。而下午，蛋糕、饼干等甜品的销量会比较好，所以假设这两个时段的客单价分别为 700 日元和 600 日元。

②堂食客人数

这里我假设店铺的座位总数（容量）为 60 人（根据实际感觉）。然后根据平时的观察，对各时段的满座率做出如下假设。

早上和晚上的满座率为 1/3，中午超过 80%，而下午占一半。

③翻台率

翻台率是停留时间的倒数。比如在翻台率为 0.5 的时段内，顾客的平均停留时间为 2 小时。

中午，顾客会利用午休时间来店里用餐，所以假设他们的停留时间为 30 分钟（翻台率为 2）。下午的顾客一般都是过来聊天、学习的，因此停留时间较久，假设为 2 小时（翻台率为 0.5）。

④外带客人数

外带客人数和翻台率没什么关系，所以假设外带客人数和堂食客人数之间存在一定的关系。

具体来讲，假设早上的堂食客人数为 20 × 1 = 20 人，那么 1 小时的外带客人数就是它的 20%，即 4 人。假设中午的堂食客人数为 50 × 2 = 100 人，那么 1 小时的外带客人数就是它的

30%，即 30 人。假设下午的堂食客人数为 30 × 0.5 = 15 人，那么 1 小时的外带客人数就是它的 20%，即 3 人。假设晚上的堂食客人数为 20 × 1 = 20 人，那么 1 小时的外带客人数就是它的 20%，即 4 人。中午客流量较多，所以选择外带的人也比较多。

< 计算 >

将上述表格中最右侧的数字相加，就可以得到星巴克 1 天的销售额为

2.88 万（日元）+ 18.2 万（日元）+ 5.4 万（日元）+ 3.84 万（日元）≈ 30 万（日元）

< 现实性验证 >

我有一个朋友在星巴克打工，那家店的规模和本乡三丁目的一样，商品和价格也差不多。他告诉我那家星巴克 1 天的销售额是 20 万~30 万日元左右。

堂食和外带的客单价是不同的，如果把这种情况也考虑进去，或是将工作日、节假日分开计算，那么推算的准确度还可以更高。

练习题 12	位于丸之内的拉面店的销售额有多少？	难易度 A
提示：丸之内是东京的商业街。估算数值时，请想象一下商业街的情况。		

例题 13　**卡拉 OK 店的营业额有多少?**

求微观销售额的问题

难易度 **B**

< 确认前提 >

　　卡拉 OK 店的营业额是指 1 家卡拉 OK 店 1 天的营业额。本题中,我推算的是大家都比较熟悉的位于涩谷的卡拉 OK 店。另外,为了简化该问题,本次推算的卡拉 OK 店营业额只计算每小时计费的部分,菜肴、饮料等其他各类服务产生的费用均不算入其中。

< 方式设定 >

　　卡拉 OK 店的营业额基本可以通过下列公式求得:

客单价 × 顾客数

　　另外顾客数又可以通过下列公式推算:

容量 × 使用率 × 周转率

　　卡拉 OK 店的容量可通过下列公式计算:

容量 = 房间数 × 平均每个房间的人数

084

<模式分解 >

卡拉 OK 店不同时段的客流量和客单价是不同的，所以需要分时段计算。但需要注意的是，停留时间越久，产生的费用就越多。

我制作了下表。

时间段	客单价	房间数	使用率	每个房间的人数	周转率	营业额
白天 （10 点—16 点） 6 小时	300 日元 / 小时 ×1 小时	50	40%	2 人	1	7.2 万日元
傍晚 （16 点—18 点） 2 小时	300 日元 / 小时 ×2 小时	50	60%	3 人	0.5	5.4 万日元
晚上 （18 点—23 点） 5 小时	1000 日元 / 小时 ×2 小时	50	100%	4 人	0.5	100 万日元
深夜 （23 点—2 点） 3 小时	1000 日元 / 小时 ×3 小时	50	80%	2 人	1/3	24 万日元

本表中的数值是基于下面的假设计算得来的。

①客单价

假设顾客只支付和停留时间成正比的使用费。再假设 18 点以前的使用费为 1 小时 300 日元，18 点以后的使用费为 1 小时 1000 日元。

②房间数

假设每 1 层有 10 个房间，一共 5 层，总计 50 个房间。

③使用率

根据我的实际感觉，白天和傍晚时段的客流量不多（假设分别为 40% 和 60%），晚上客满（假设为 100%），深夜客流量也比较多（假设为 80%）。

④每个房间的人数

假设从早到晚，单人顾客逐渐减少，团体顾客逐渐增多。到了深夜，情侣或单人顾客较多，假设为 2 人。

⑤周转率

周转率是停留时间的倒数。假设白天的停留时间为 1 小时，傍晚、晚上的停留时间为 2 小时，深夜的停留时间为 3 小时。

< 计算 >

将上述表格中最右边的总计相加，即可得到卡拉 OK 店的营业额为：

7.2 万（日元）+ 5.4 万（日元）+ 100 万（日元）+ 24 万（日元）≈ 140 万（日元）

< 现实性验证 >

根据调查，日本卡拉 OK 店 1 个房间的月均营业额为 31.3 万日元。平分到每天的话，是 1.04 万日元。因此，拥有 50 个房间的卡拉 OK 店 1 天的营业额是 1.04 万（日元）× 50 = 52 万

（日元）。

本题推算的卡拉 OK 店位于涩谷，地理位置较好，所以 140
万这个结果也不无可能。

练习题		
13	游戏厅的营业额有多少？	难易度 B

提示：游戏厅的容量等同于"游戏机的数量"。另外，顾客群可以怎样假设呢？请想象一下身边的游戏厅！

1 辆出租车 1 天的
营业额有多少？

求微观销售额的问题

难易度
B

<确认前提>

本题推算的是东京 1 辆出租车 1 天所创造的营业额。

<方式设定>

基本上和店铺的销售额一样，属于"微观销售额"的问题。但需要注意的是，出租车没有容量（座位数）和使用率这样的概念。

出租车 1 天的营业额可以通过下列公式计算：

订单单价 × 订单数

<模式分解>

不同的时段，乘客搭乘出租车的目的以及乘车时间会有所不同。因此，单位时间内的订单数和订单单价也会发生变化。

因此，我按照时段，制作了下一页的表格。

本表中的数值是基于下述假设计算得来的。

①平均乘车时间

假设早上、晚上以及深夜①和深夜②的打车目的是通勤，

时间段	平均乘车时间	订单单价	订单数	营业额
早上 （6点—9点）3小时	30分钟	4400日元	2次	8800日元
中午 （9点—12点）3小时	5分钟	800日元	6次	4800日元
下午 （12点—15点）3小时	5分钟	800日元	6次	4800日元
傍晚 （15点—18点）3小时	5分钟	800日元	6次	4800日元
晚上 （18点—21点）3小时	30分钟	4400日元	2次	8800日元
深夜① （21点—24点）3小时	30分钟	4400日元	2次	8800日元
深夜② （24点—3点）3小时	1小时	8900日元	1次	8900日元

而中午、下午、傍晚的打车目的是短距离的移动。再假设上下班时的乘坐时间为30分钟，过了末班车时间的深夜②，乘坐时间为1小时。而短距离移动的乘坐时间为5分钟。

②订单单价

订单单价可设定为

起步价＋按千米数计算（和乘车时间成正比）的追加费用

为了简化问题，不考虑出租车票等优惠活动。

另外，假设起步价（2千米以内）为500日元，超出部分，按照每千米300日元计费。如果车速为30千米／小时，那么前4分钟的费用就是起步价500日元，之后每2分钟，收费300日元。

③订单数

订单数是指 3 小时内的接客次数。平均乘车时间越短,订单数就越多。

< 计算 >

将上述表格中最右边的总计相加,即可得到出租车 1 天的营业额为

8800(日元)+ 4800(日元)+ 4800(日元)+ 4800(日元)
+ 8800(日元)+ 8800(日元)+ 8900(日元)≈ 5 万(日元)

< 现实性验证 >

根据东京出租车协会整理的运营情况(2008 年),东京 1 辆出租车 1 天的营业收入为 43147 日元(税后)。

上文推算出的数值与实际非常接近。稍微偏多的原因,可能有以下几个:

·设定的计费标准可能偏高。

·假设的平均乘车时间可能偏高(特别是通勤的乘车时间)。

·设定的订单数可能偏高。

| 练习题 14 | 车站小卖店 1 天的营业额有多少? | 难易度 B |

提示:请想象一下身边的车站小卖店!顺便说一句,车站小卖店营业额的计算公式会有点不一样……

日本有多少家中餐厅?

通过"宏观需求 ÷ 微观供给"来求存量的问题

<确认前提>

中餐厅是指广义上的平时会去用餐的中餐厅。本题我会用**宏观需求 ÷ 微观供给的方程式**计算日本的中餐厅数量。请注意,这里说的"宏观需求"是指对于所有中餐厅的需求,而"微观供给"指的是平均 1 家中餐厅的供给。

<方式设定>

日本的中餐厅数量可通过下列公式求得:

所有中餐厅的客流量(1 天)(宏观需求)

÷ 平均 1 家店的客流量(1 天)(微观供给)

另外,**所有中餐厅的客流量**又可以通过下列公式推算:

日本的总人口 × 日均外食频率 × 选择中餐的概率

<模式分解>

①所有中餐厅的客流量

首先按照**年龄**对日本的总人口进行分类,然后再按照表中

的 A～E 对各年龄层的人进行细分。各类人的人口数量如下表
所示。

年龄	不满 10 岁	10～19 岁	20～59 岁		60～70 岁
分类	A: 幼儿	B: 学生	C: 社会人士	D: 家庭主妇	E: 老年人
人口	1200 万人	1200 万人	5400 万人	1800 万人	2400 万人

接下来推算**日均外食频率**。请想象一下 A～E 这 5 类人的生
活方式。然后根据他们的生活方式假设各自的外食频率（假设
所有人都在家里吃早餐）。

	午餐	晚餐	依据
A: 幼儿	1 次 / 周	1 次 / 周	基本在学校或家里吃饭。最多周末跟着父母出去吃
B: 学生	3 次 / 周	3 次 / 周	成为初高中生和大学生后，午餐和晚餐的外食频率都会变高
C: 社会人士	6 次 / 周	3 次 / 周	上班时，午餐基本都是外食。晚上有时候会回家吃
D: 家庭主妇	2 次 / 周	1 次 / 周	很少外食，基本在家自己做
E: 老年人	1 次 / 周	1 次 / 周	外出频率本身就低

接着推算会选择中餐的概率。

日本人外食时会选择的料理种类大致可分为西餐、日餐、
意大利餐、中餐和法餐 5 类。我根据自己的实际感觉，假设选择
每种料理的概率分别为

西餐（30%）、日餐（20%）、意大利餐（20%）、中餐

（20%）、法餐（10%）

所以选择中餐的概率＝20%。

②平均1家店的客流量

回忆一下常去的中餐厅，平均1家店的客流量（1天）可通过下列公式求得：

容量 × 使用率 × 翻台率

另外，假设1天的营业时间为11点至14点、18点至22点。

时间段	容量	使用率	翻台率	人数
11点—14点	30人	80%	2次/小时（1次30分钟）	144人
18点—22点	30人	50%	1次/小时（1次1小时）	60人

总计 约200人

<计算>

根据①，可以推算出所有中餐厅的客流量（1天）（需求）为

[1200万（人）× 2/7 + 1200万（人）× 6/7 + 5400万（人）

× 9/7 + 1800万（人）× 3/7 + 2400万（人）× 2/7] × 20%

≈ 2000万（人）

根据②，可以推算出平均 1 家店的客流量（1 天）（供给）约为 200（人 / 家）。

因此，日本的中餐厅数量为

$$2000 \text{ 万（人）} \div 200 \text{（人 / 家）} = 10 \text{ 万（家）}$$

< 现实性验证 >

根据日本总务省对 2004 年度事务所、企业的统计调查，全国餐饮店的总量约为 73 万家。另外，根据美食门户网站"美食 PIA"的统计，东京大约有 1.5 万家中餐厅。如果中餐厅的数量和人口密度成正比，那么日本的中餐厅数量就是

$$1.5 \text{ 万（家）} \times [1.2 \text{ 亿} / 1500 \text{ 万（东京都的白天人口）}] = 12 \text{ 万（家）}$$

可以说 10 万家这个推算结果是非常合理的。

练习题 15	日本有多少位发型师？	难易度 C
提示：推算发型师数量时的宏观需求是什么？微观供给又是什么？		

专栏②
"费米迷"的费米推定训练法

　　在求职期间，我曾是公认的"费米迷"。每周都会去3次星巴克，和朋友一起花几个小时做案例练习。回家后还会复习。除此之外，每周还会去外部的小组讨论或研讨会修行1~2次。自己每天也会在笔记本上解几道题目。基于这些经验，我想在此介绍3个训练时的小技巧。

　　第1个是"收集素材"。解题自然是需要题目的。收集自己感兴趣的素材不仅可以更快地找到题目，解起来也会更加开心。我每天都会记录5道左右，走在路上或坐在电车上时，如果脑海中闪现一些题目，就会立刻记录下来。这样，每周就可以储存30~40道题目。每次我把这些题目带去咖啡店时，我的三个朋友都会傻眼，但最终还是会全部解决。至今我都对他们非常钦佩。

　　第2个是"结识费米同伴"，养成练习的习惯。我们几个人经常在咖啡厅手持秒表、草稿纸和4色圆珠笔，轮流扮演面试官，模拟面试场景。看到我们一本正经又兴致盎然地讨论一些莫名其妙的问题，周围的人可能会以为我们是在演小品吧。

　　第3个是"长跑和短跑交替进行"。也就是说，要规定不同的解题时间。比如有些题目规定5分钟之内解决，有些题目规定30分钟内解决。5分钟的"短跑"锻炼的是"智能上的瞬间爆发力"，有助于你全面笼统地把握全局。另一方面，30分钟的"长跑"虽然耗时较久，但可以锻炼"智能上的持久力"，让你可以更深入、更准确地挖掘问题。两者交替进行，可以实现规定时间内能达到的最佳"效果"。

反复进行这样的练习后，渐渐地，你就会记不清自己 1 天会解多少道费米推定的问题。在大街上行走时，你会自然而然地开始计算"日本窨井盖的数量""东京乌鸦的数量"等问题。聚会时，你会不自觉地计算"居酒屋的营业额"。当解题已经变成了大脑的无意识行为，而不是有意为之时，你大概就患上"费米病"了吧（笑）。

+15 题
让地头力更上一层楼！

习题解答

这一部分会解说下列 15 道练习题。和例题一样，请尽可能先
自己思考一遍，之后再看答案和讲解。

练习题 1	日本有多少对耳环？	难易度	A
练习题 2	日本有多少只猫？	难易度	A
练习题 3	日本有多少台复印机？	难易度	C
练习题 4	日本有多少根电线杆？	难易度	A
练习题 5	日本有多少家星巴克？	难易度	B
练习题 6	日本有多少家消防署？	难易度	B
练习题 7	世界遗产有多少个？	难易度	C
练习题 8	东京有多少只鸽子？	难易度	C
练习题 9	耳环的市场规模有多大？	难易度	B
练习题 10	一次性筷子的年消耗量是多少？	难易度	B
练习题 11	按摩椅的市场规模有多大？	难易度	B
练习题 12	位于丸之内的拉面店的销售额有多少？	难易度	A
练习题 13	游戏厅的营业额有多少？	难易度	B
练习题 14	车站小卖店 1 天的营业额有多少？	难易度	B
练习题 15	日本有多少位发型师？	难易度	C

< 确认前提 >

"耳环"是指"需要打耳洞佩戴的饰物"（排除不需要打耳洞的耳饰、佩戴在除耳朵以外的身体部位的环）。并且，本题的计算范围仅限于个人拥有的耳环。

< 方式设定 >

日本的耳环数量可通过下列公式求得：

日本的人口 × 耳环的拥有率 × 耳环的人均拥有数

< 模式分解 >

接下来，**以性别和年龄为轴**，对日本的人口进行分类。在每个格子的左侧写上拥有率，右侧写上耳环的人均拥有数。

年龄	10岁以下	10～19岁		20～29岁		30～39岁		40～49岁		50～59岁		60～79岁	
男	—	5%	1	10%	1	0	0	0	0	0	0	0	0
女	—	25%	2	50%	3	25%	2	10%	2	0	0	0	0

我按照年龄段对 0～80 岁的人口进行了上述分类。假设日本的人口为 1.2 亿，且每个年龄段人数相同，那么各年龄段就有

1500 万人（1.2 亿 ÷ 8 = 1500 万）。再假设男女人数相同，那么各年龄段的男女人口均为 750 万（1500 万 ÷ 2=750 万）。你可以把这种年龄结构想象成长方形年龄锥体（推算人口时，也可以使用壶形年龄锥体。参照例题 1）。

关于拥有率，做出以下假设：

①女性比男性高。

② 50 岁以上的人没有耳环（耳环是相对较新潮的时尚单品）。

③ 20 多岁的人比十几岁的人高（学校大概率会禁止佩戴耳环）。

另外，人均拥有数和拥有率有相关关系。

< 计算 >

男性拥有的耳环数为

750 万（人）×（5% + 10%）× 1（对 / 人）

= 112.5 万（对）

≈ 100 万（对）

女性拥有的耳环数为

750 万（人）×（25% + 25% + 10%）× 2（对 / 人）

+ 750 万（人）× 50% × 3（对 / 人）

= 2025 万（对）

≈ 2000 万（对）

因此，日本的耳环数为

100 万（对）+ 2000 万（对）= 2100 万（对）

<现实性验证>

日本的人口为 1.2 亿，也就是说，差不多每 6 个人中就有 1 个人拥有 1 对耳环。我感觉这个数值稍微有点少了。原因可能是略微低估了女性的拥有率和人均拥有数。

练习题

2

日本有多少只猫?

难易度

Ⓐ

<确认前提>

"猫"的分类如上图所示。本题只推算"个人(家庭)所有的猫"。

<方式设定>

日本的猫的数量可通过下列公式推算:

日本的家庭数 × 养猫率 ×1个家庭的平均养猫数

如果不以家庭为单位,而是以个人为单位进行推算,猫的所有者就会出现重复,所以不适合。比如,矶野家的小玉同时为海螺、鲣、裙带菜等多人所有。此时,拥有者的数量(矶野家的人数)为 7 人,但猫的数量只有 1 只。

<模式分解>

①日本的家庭数

假设日本 1 个家庭的平均人数为 3 人（父母和 1 个孩子），日本的人口为 1.2 亿，那么**日本的家庭数就是 4000 万**（1.2 亿÷3）。

②养猫率

推算养猫率前，先对"日本的家庭"进行分类。如下图所示。

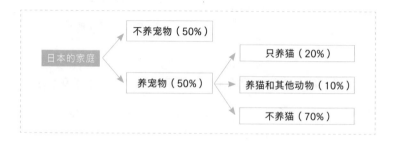

假设养宠物的家庭占 50%，其中养猫的家庭有 30%（20% + 10%）。那么，养猫率就是

50% × 30% = 15%

③ 1 个家庭的平均养猫数

推算 1 个家庭的平均养猫数时，先假设只养 1 只的家庭占 75%，养 2 只的占 20%，养 3 只的占 5%（为了简化问题，排除养 4 只及 4 只以上的家庭）。

经计算，得出 1 个家庭的平均养猫数为

1（只）× 75% + 2（只）× 20% + 3（只）× 5% = <u>1.3（只）</u>

< 计算 >

综上，根据①～③，可推算出<u>日本的猫的数量</u>为

4000 万（户）× 15% × 1.3（只）= <u>780 万（只）</u>

也就是说，在日本，"个人（家庭）所有的猫"有 <u>780 万只</u>。

< 现实性验证 >

根据宠物粮食工业会开展的第 14 回猫狗饲养率全国调查（2007 年），2007 年猫的饲养数为 <u>1018.9 万只</u>。上面推算的数值略微偏少了。另外，该调查还显示，1 个家庭的平均养猫数为 1.77 只。可见上文设定的数值并不算差得太多。

练习题 3

日本有多少台复印机？

难易度 C

<确认前提>

复印机的分类如图所示。法人所有的复印机要比个人所有的多，所以本次推算将范围限定为法人所有的复印机。另一方面，法人所有的复印机又可以分为自用和商用两种。本次主要针对自用进行推算。

<方式设定>

日本的复印机数量基本可通过下列公式求得：

日本的法人数 × 平均 1 家法人拥有的复印机数

但是，法人也有不同的性质和规模。因此，我对法人做了如下分类。

采用这样的分类方法，是因为推算**学校**和**公司**的数量时，会使用不同的方法。也就是说，推算这两类法人数量的公式是不同的，分别是

学校的数量＝学生人数÷平均 1 所学校的学生人数

公司的数量＝员工人数÷平均 1 家公司的员工数量

因此，日本的复印机数量可通过下列公式求得：

①：**学校的数量 × 平均 1 所学校拥有的复印机数量**

＋②：**公司的数量 × 平均 1 家公司拥有的复印机数量**

< 模式分解 >

①学校拥有的复印机

• 学校的数量

学校的数量＝学生人数÷平均 1 所学校的学生人数＝1800 万（人）÷400（人 / 所）＝<u>4.5 万（所）</u>

［假设 1 个年级有 100 人，1 所学校平均有 4 个年级，那么平均 1 所学校的学生人数就是 100×4 = 400（人）。详情请参照例题 3〕。

• 平均 1 所学校拥有的复印机数量

假设 1 个年级（学生数量 100 人）有 1 台。那么 **1 所学校拥有的复印机数量**就是

400（人）÷ 100（人 / 台）= **4（台）**

②公司拥有的复印机

• 公司的数量

公司的数量 = 员工人数 ÷ 平均 1 家公司的员工数量 = 5400 万（人）÷ 20（人 / 家）= **270 万（家）**

（假设 90% 的公司是 10 个人的小公司，10% 的公司是 100 人的大公司。那么计算加权平均值后，可以得到平均每家公司的员工数为 20 人左右。详情请参照例题 3）。

小公司的数量和大公司的数量分别为

小公司的数量 = 270 万（家）× 90% = **243 万（家）**

大公司的数量 = 270 万（家）× 10% = **27 万（家）**

• 平均 1 家公司拥有的复印机数量

假设 10 人的小公司拥有的复印机数量为 1 台。再假设复印机的数量和员工人数呈正比，那么，100 人的大公司拥有的复印机数量就是 10 台。

＜计算＞

根据①，学校拥有的复印机数量为

4.5 万（所）× 4（台 / 所）= **18 万（台）**

根据②，公司拥有的复印机数量为

243 万（家）× 1（台 / 家）+27 万（家）× 10（台 / 家）= 513 万（台）

综上，日本的复印机数量为

18 万（台）+ 513 万（台）≈ 530 万（台）

< 现实性验证 >

根据日本经济产业省生产动态统计，2006 年的复印机（数码以及彩色）销售量为 155 万台左右，2007 年为 148 万台左右。假设所有复印机的使用寿命为 5 年，且复印机每年的销量均为 150 万台，那么日本现存的复印机数量就是 150 万台 × 5 = 750 万台。

考虑到本题的推算对象为"法人所有的自用复印机"，530 万台这个数值也算是符合实际情况的。

< 确认前提 >

（众所周知）电线杆是为了将电从发电厂输送到各个家庭和法人设施而建造的东西。它是电力公司（东京电力等）或通信公司（NTT 等）的所有物。但是"电线杆的数量"很难通过"拥有者的数量"来推算。因此，本题将**以面积为单位**进行推算。

< 方式设定 >

日本的电线杆数量可通过下列公式求得：

日本的国土面积 ÷1 根电线杆的覆盖面积

< 模式分解 >

①日本的国土面积

日本的国土面积一般取整以 38 万平方千米计算，也可以通过费米推定来推算。

比如，可以将日本的国土面积看作是下一页的长方形。

假设东京到新潟需要乘坐 2 小时的新干线，而新干线的平均速度为 200 千米 / 小时。那么东京到新潟的距离，即"宽度"就是

2（小时）× 200（千米 / 小时）= 400（千米）

同理，东京到博多需要乘坐大约 5 小时的新干线，所以东京到博多的距离，即"长度"就是

5（小时）× 200（千米 / 小时）= 1000（千米）

因此，简单推算的话，日本的国土面积为

400 × 1000 = 40 万（平方千米）

本题将采用 40 万平方千米作为日本的国土面积。

② 1 根电线杆的覆盖面积

推算 1 根电线杆的覆盖面积前，先将日本的国土面积分为**山地**和**平原**两类。

电线杆是用来给各家各户以及各个法人输送电力的，所以在家庭、法人数量更多的平原上，电线杆的密度更大。

- A：山地上 1 根电线杆的覆盖面积。

假设每个 250 米见方的区域内有 1 根电线杆，那么，山地上 1 根电线杆的覆盖面积就是

1/4（千米）× 1/4（千米）= 1/16（平方千米）

- B：平原上 1 根电线杆的覆盖面积

假设每个 50 米见方的区域内有 1 根电线杆，那么，平原上 1 根电线杆的覆盖面积就是

1/20（千米）× 1/20（千米）= 1/400（平方千米）

< 计算 >

根据①和②，可推算出"日本的电线杆数量"为

30 万（平方千米）÷ 1/16（平方千米 / 根）+ 10 万（平方千米）÷ 1/400（平方千米 / 根）≈ 4500 万（根）

< 现实性验证 >

上文已经说过，电线杆是电力公司或通信公司（NTT 等）的所有物。

根据《电气事业便览》（2004 年），10 家电力公司拥有的电线杆总量约为 2080 万根；而 NTT 东日本大约有 570 万根，NTT 西日本大约有 618 万根。

也就是说，"日本的电线杆数量"实际为 3268 万根左右。

推算的数值大于真实数量。日本的国土面积没有太大的误差，所以数值出现偏差的原因应该在于"1 根电线杆的覆盖面积"。

日本有多少家星巴克？

< 确认前提 >

听到"星巴克"，你应该会联想到日常生活中经常光顾的几家店铺吧。在本题中，我将根据自己居住的地方 —— 东京的星巴克的店铺数量，来推算日本的星巴克的店铺数量。

< 方式设定 >

日本的星巴克店铺数量可通过下列公式求得：

东京的星巴克店铺数量 ×（日本的总人口 / 东京的人口）

另外，东京的星巴克店铺数量又可通过下列公式求得：

东京的国土面积（平原）÷ 1 家星巴克的覆盖面积

< 模式分解 >

①东京的国土面积（平原）

将东京看作是一个长 80 千米、宽 40 千米的长方形（参照例题 5）。假设东京的西边 1/4 是山地，那么东京的平原面积就是

40（千米）× 80（千米）× 3/4 = 2400（平方千米）

② 1 家星巴克的覆盖面积

推算 1 家星巴克的覆盖面积前，先将东京的平原面积分为**中心部（山手线内）**和**郊外（山手线外）**两部分。

• A：中心部（山手线内）1 家星巴克的覆盖面积

将中心部（山手线内）看作长、宽均为 8 千米的正方形［从涩谷到池袋大约要 12 分钟，从池袋到上野大约要 12 分钟。假设电车的速度为 40 千米 / 小时，那么长、宽均为 40（千米 / 小时）× 12/60（小时）= 8（千米）］。

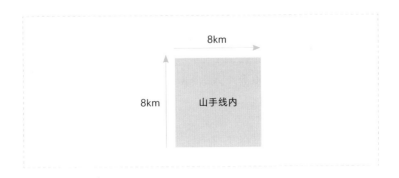

假设两站之间的开车时长为 2 分钟，那么车站之间的距离就是

40（千米 / 小时）× 2/60（小时）= 4/3（千米）

考虑到有些车站会存在多家星巴克，所以假设山手线内每 1 站都有 1.5 家星巴克。也就是说，每个 4/3 千米见方的区域内会有 1.5 家星巴克。

• B：郊外（山手线外）1 家星巴克的覆盖面积

将东京的面积（平原）减去上面设定的山手线内的面积，即可推算出山手线外的面积为

2400（平方千米）– 64（平方千米）= 2336（平方千米）

假设两站之间的开车时长为 3 分钟，再假设每 3 站有 1 家星巴克。那么每个 6 千米 [40（千米 / 小时）× 3/60（小时）× 3] 见方的区域内，就有 1 家星巴克。

③日本的总人口 / 东京的人口

假设东京的白天人口为 1500 万人，日本的总人口为 1.2 亿，那么日本的总人口 / 东京的人口就是

1.2 亿（人）/1500 万（人）= 8

< 计算 >

根据①～③，

山手线内的星巴克店铺的数量为

8（千米）× 8（千米）÷ [4/3（千米）× 4/3（千米）]

× 1.5（家）= 54（家）

山手线外的星巴克店铺的数量为

2336（平方千米）÷［6（千米）×6（千米）］×1（家）

≈65（家）

所以，**日本的星巴克店铺数量为**

（54+65）（家）×8 = 952（家）≈ 950（家）

＜现实性验证＞

根据星巴克的官方网站，2009 年 3 月的店铺数为 816 家。光看这个数字，上文推算出来的 950 家似乎也还算合理。

但是，东京的店铺数实际为 246 家。和上文推算出的数字（119 家）存在较大出入。这可能是因为东京一些人流量较大的地方，比如新宿站附近，有超过 10 家星巴克。也就是说，我可能低估了东京中心部的星巴克店铺的数量。

< 确认前提 >

消防署是为了应对火灾而设置在各个区域的机关单位。发生火灾时，消防署必须马上派出消防员和消防车赶往现场。因此，出于对公共设施的考虑，消防署的设置场所必须要保证能在一定的时间内到达可能会发生火灾的地方。

< 方式设定 >

日本的消防署数量可通过下列公式求得：

日本的国土面积 ÷ 1 家消防署的覆盖面积

< 模式分解 >

①日本的国土面积

本题日本的国土面积以 38 万平方千米计算。

②1 家消防署的覆盖面积

在推算 1 家消防署的覆盖面积前，先将日本的国土面积分为**平原**和**山地**两种。

假设平原上的消防署设置密度比山地高。

• A：平原上 1 家消防署的覆盖面积

假设在平原上，消防车必须在 10 分钟内到达现场，且消防车的速度为 36 千米 / 小时。那么消防车离现场的最远距离就是

36（千米 / 小时）× 10/60（小时）= 6（千米）

也就是说，在平原上，每个半径为 6 千米的圆形区域内就有 1 家消防署。

但是，为了方便计算，我会将消防署的活动区域看作边长为 12 千米的"正方形"，而不是半径为 6 千米的"圆形"。

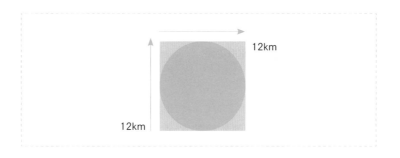

综上，平原上 1 家消防署的覆盖面积为

12（千米）× 12（千米）= 144（平方千米）

- B：山地上 1 家消防署的覆盖面积

假设在山地上，消防车必须在 40 分钟内到达现场，且消防车的速度为 36 千米 / 小时。那么消防车离现场的最远距离就是

36（千米 / 小时）× 40/60（小时）= 24（千米）

因此，在山地上，每个 48 千米见方的区域内就有 1 家消防署。也就是说，山地上 1 家消防署的覆盖面积为

48（千米）× 48（千米）= 2304（平方千米）

< 计算 >

根据①和②，平原上的消防署数量为

[38 万（平方千米）× 1/4] ÷ 144（平方千米 / 家）

≈ 660（家）

山地上的消防署数量为

[38 万（平方千米）× 3/4] ÷ 2304（平方千米 / 家）

≈ 124（家）

因此，"日本的消防署数量"为

660 + 124 = 784 ≈ 800（家）

< 现实性验证 >

根据日本消防防灾博物馆的官网，2007 年的消防署数量为 1705 家。上面推算出的数值还不到实际数量的一半。产生偏差的原因之一是"到达现场的时间"预估得太长了。

练习题
7

世界遗产有多少个？

难易度
C

< 确认前提 >

"世界遗产"是指由联合国教科文组织认证的各国的重要文化遗产和自然遗产。本题推算的不是日本的世界遗产数量，而是全世界的世界遗产数量。

< 方式设定 >

全世界的世界遗产数量可通过下列公式推算：

全世界国家的数量 × 联合国教科文组织国际公约[①]加盟国的比例 × 各国拥有的世界遗产的平均数

假设全世界共有 200 个国家，其中 90% 已缔结了联合国教科文组织国际公约。

< 模式分解 >

推算各国拥有的世界遗产平均数时，可使用下列逻辑。

假设决定各国世界遗产数量的主要因素是"各国在国际社会的地位"。也就是说，在联合国话语权越大的国家，认证的世界遗产就越多。

---

① 《保护世界文化和自然遗产公约》。

关于各国在国际社会的地位，可做出如下假设：

A. 发达国家 > 发展中国家……发达国家的世界遗产数量是发展中国家的 3/2 倍。

B. 欧美 > **其他**……欧美国家的世界遗产数量是其他国家的 3/2 倍。

发达国家为 G8（美国、英国、法国、德国、意大利、加拿大、俄罗斯、日本）。欧美国家包括美国、加拿大、欧盟（27 国）和英国，共计 30 个。

以 A 和 B 为 2 轴，制作下表（a=1 个非欧美、发展中国家的世界遗产数）

	发达国家（G8）	发展中国家
欧美	美、英、法、德、意、加……6 个国家 3/2×3/2×a	30 个国家 – 6 个国家 = 24 个国家 3/2×a
其他	俄、日……2 个国家 3/2×a	200 个国家 ×90% – 32 个国家 = 148 个国家 a

< 计算 >

根据上表，可推算出全世界的世界遗产数量为

$3/2 × 3/2 × a × 6（国）+ 3/2 × a ×（24 + 2）（国）+ a × 148（国）$

$= 3/2 × a × 35 + 148a$

$≈ 200a …①$

另外，日本的世界遗产数量约为 15 个，所以上表中

$3/2 × a = 15$

$a = 10 \cdots$ ②

将②代入①，可求得全世界的世界遗产数量为

$200 × 10 = 2000$

< 现实性验证 >

　　根据联合国教科文组织的官方网站，2009 年 4 月的世界遗产数量为 878。推算的数值是真实数量的 2 倍多。推算过程中，我假设的是各国的世界遗产数量取决于各国在国际社会上的地位。但实际上，需要考虑的因素有很多，比如缔结联合国教科文组织《保护世界文化和自然遗产公约》的时长，和世界遗产同等价值的文化遗产、自然遗产的数量等。而且，这个问题也很难设定不同区域间的比较标准。

　　另外，本题是以"'请求认证'世界遗产的一方"，即国家为单位进行推算的。除此之外，也可以根据"'认证'世界遗产的一方"，即联合国教科文组织每年认证的世界遗产数量来推算。

　　比如，假设世界遗产的认证工作已经开展了 40 年左右，并且联合国教科文组织平均每年都会认证 20 个世界遗产。那么，此时世界遗产的数量就是

　　40（年）× 20 = 800

　　这个解法的逻辑是将存量（世界遗产的数量）看作每年流量（联合国教科文组织每年认证的世界遗产数量）的累积。

东京有多少只鸽子？

难易度

< 确认前提 >

本题求的是东京现有的鸽子数量。可以将鸽子分成下面两类。

就个人感觉而言，家养的鸽子（信鸽等）数量并不多。东京有 1200 万居民，假设其中 0.01% 饲养了 5 只鸽子，那么家养的鸽子就是 6000 只。而另一方面，野生的鸽子则无处不在，经常可以在公园和车站等地看到它们。本题将推算<u>野生鸽子的数量</u>。

< 方式设定 >

求东京的鸽子数量时，可以以面积为单位进行推算。此时可假设每个 100 米见方的区域内有 10 只。但是，这个假设缺乏依据。因此，为了更加具体地把握鸽子的存在场所，本题<u>假设车站和公园这两个地方是鸽子的存在场所</u>。

当然，除了车站和公园之外，其他地方也有鸽子。但那些地方的鸽子数量较少,可不纳入计算。

因此,东京的鸽子数量可通过下列公式推算:

东京的车站数量 × 平均 1 个车站的鸽子数量 + 东京的公园数量 × 平均 1 个公园的鸽子数量

推算东京的车站数量和公园数量时,不得不考虑东京的面积(平原)。可以简单地将东京看作一个长方形,车速 40 千米 / 小时的电车行驶 1 小时即为宽,行驶 2 小时即为长,所以东京的面积为 40 千米 ×80 千米 =3200 平方千米。

假设西边 1/4 是山地,那么东京的平原面积就是 3200 平方千米 ×3/4 = 2400 平方千米(参照例题 5)。

< 模式分解 >

①东京的车站数量

假设车速 40 千米 / 小时的电车平均每行驶 3 分钟,就会有 1 个车站。也就是说,每 40 千米 ×3/60 = 2 千米就有 1 个车站,每个 2 千米见方的区域内就会有 1 个车站。另外,再假设东京的车站只存在于平原上。

由此可推算出东京的车站数量为

东京的面积(平原)÷ 边长为 2 千米的正方形的面积

= 2400(平方千米)÷ [2(千米)× 2(千米)]

= 600(个)

②平均 1 个车站的鸽子数量

假设每个车站都是边长 50 米的正方形，那么每个车站的面积就是 50 米 × 50 米 = 2500 平方米。

再假设 1 只鸽子的占地面积为 0.2 米 × 0.2 米 = 0.04 平方米，且每个车站的鸽子密度为 0.1%。由此可推算出平均 1 个车站的鸽子数量为

车站的面积 × 鸽子的密度 ÷ 1 只鸽子的占地面积

= 2500（平方米）× 0.1% ÷ 0.04（平方米 / 只）

= 62.5（只）

≈ 60（只）

③东京的公园数量

车站和公园都是人们日常生活中不可或缺的地方，所以可以假设东京的公园数量和车站数量呈正比关系。

假设每个车站有 2 个出口，人流量较多的出口有 2 个公园，人流量较少的出口有 1 个公园。那么东京的公园数量就是

东京的车站数量 × 3（个）= 600 × 3（个）

= 1800（个）

④平均 1 个公园的鸽子数量

假设"公园的面积"和"公园内的鸽子密度"同车站一样。那么平均 1 个公园的鸽子数量就是 60 只左右。

< 计算 >

根据①～④，可推算出东京的鸽子数量为

600（个）× 60（只）+1800（个）× 60（只）= 14.4 万（只）

< 现实性验证 >

实际上，东京的车站，包括私铁和 JR 在内，总计有 600 个左右。可以说①的假设非常准确。另一方面，根据东京都建设局的官方网站，2007 年东京的公园数量为 7000 个左右。和推算出来的 1800 个存在相当大的出入。

但是，需要注意的是，根据东京都建设局制定的公园标准，只要面积超过 10 平方米，就可视作公园。也就是说，规模很小的公园也被算进去了。

< 确认前提 >

"耳环"是指"需要打耳洞佩戴的饰物"（排除不需要打耳洞的耳饰、佩戴在除耳朵以外的身体部位的环）。

另外，市场规模是指一年内在日本购买的耳环总额（准确来讲，不是"在日本国内购买的耳环总额"，而是"日本人购买的耳环总额"。另外，本题采用的计算方法和例题稍有不同）。

< 方式设定 >

耳环的市场规模可通过下列公式求得：

日本一年内出售的耳环数量 × 耳环的平均单价

而日本一年内出售的耳环数量又可通过下列公式推算：

日本一年内购买耳环的人数 × 平均购买量

在推算一年内在日本购买耳环的人时，可将现有耳环的所有者分为**新增**和**已有**两类。

也就是说，一年内在日本购买过耳环的人有 A 和 B 两种。

推算时，假设 A = 5%，B = 50%，C = 45%。

另外，B 又可以分为以旧换新（如 1 个→1 个）和添置（如 1 个→3 个）2 种。但本题不做区别。

126

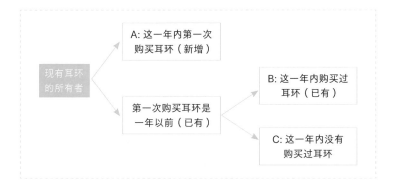

< 模式分解 >

①一年内购买耳环的人数

• A：这一年内第一次购买耳环（新增）

A：这一年内第一次购买耳环的人数是

现有耳环的所有者人数 × 5%

以性别和年龄段（0～80 岁）为轴，制作下表。在格子中填入耳环的拥有率。然后再根据此表推算现有耳环的所有者人数。（具体请参照练习题 1）

年龄	10 岁以下	10～ 19 岁	20～ 29 岁	30～ 39 岁	40～ 49 岁	50～ 59 岁	60～ 79 岁
男	—	5%	10%	0	0	0	0
女	—	25%	50%	25%	10%	0	0

假设各年龄段的人数为 1.2 亿（人）÷ 8 = 1500 万（人），男女分别为 750 万人（1500 万 ÷ 2）。

那么现有耳环的所有者人数为

127

750 万（人）× （5% + 10%）+ 750 万（人）× （25% + 50%

+ 25% + 10%）

= 937.5 万（人）

≈ 900 万（人）

因此，A：这一年内第一次购买耳环的人数是

900 万（人）× 5% = 45 万（人）

• B：已有耳环但这一年内又购买了耳环

B：已有耳环但这一年内又购买了耳环的人数是

现有耳环的所有者人数 × 50%

= 900 万（人）× 50%

= 450 万（人）

②平均购买量

假设 A 和 B 的平均购买量都是一年 1 对。

③耳环的平均单价

假设耳环的平均单价为 3000 日元。

< 计算 >

根据①～③，可推算出耳环的市场规模为：

[45 万（人）+ 450 万（人）] × 1（对 / 人）× 3000（日元 / 对）

≈ 500 万（人）× 1（对 / 人）× 3000（日元 / 对）

= 150 亿（日元）

< 现实性验证 >

上文推算出了一年内购买耳环的人数为 500 万人左右（45 万人 + 450 万人）。假设耳环的主要拥有者是 10～39 岁的人，其数量为 4500 万（1500 万 ×3），其中每年都会购买耳环的人占了 1/9。

<确认前提＞

　　这里的"一次性筷子的年消耗量"指的是日本的消耗量。另外，本题推算的是个人消耗的一次性筷子的数量。

<方式设定＞

　　一次性筷子的年消耗量可通过下列公式推算：

日本的人口 × 一次性筷子的人均消耗量（年）

<模式分解＞

①日本的人口

　　假设日本的人口为 1.2 亿，且认为各年龄段（0～80 岁）的男女人口皆为 750 万人（1.2 亿 ÷ 8 ÷ 2）。这里，假设各年龄段的人口数量相同，男女比例为 1：1。你可以把这种年龄结构想象成长方形年龄锥体。

②一次性筷子的人均消耗量（年）

　　求一次性筷子的人均消耗量（年）时，先以**性别**和**年龄**（**0～80 岁**）为轴，制作表格。再在各个格子中填入消耗量（双 / 周）。

估算消耗量时，可从下列两个视角出发。

a. 吃饭时使用筷子的比率。

b. 使用筷子时，使用一次性筷子的比率。

根据这两个视角，可做出下列两个假设。

视角 a：假设使用筷子的比率和使用者的年龄成正比。

视角 b：假设使用一次性筷子的比率和外食（包括打包带回）的频率成正比。

也就是说，年龄越高，外食的频率越高，一次性筷子的消耗量就越大。

年龄	10 岁以下	10～19 岁	20～29 岁	30～39 岁	40～49 岁	50～59 岁	60～69 岁	70～79 岁
男	1	2	3	4	4	5	4	4
女	1	2	2	3	3	4	3	3

* 假设 20～59 岁的人外出频率最高→外食频率最高。
* 假设 20 岁以上的女性中包含部分外出频率相对较低的家庭主妇，所以外食频率没有男性高。
* 假设人过了 60 岁后，外出频率会降低→外食频率降低。

< 计算 >

根据①和②，可推算出一次性筷子的年消耗量为

750 万（人）× 48 [双 /（人·周）]× 52（周）

≈ 750 万（人）× 2500

= 187.5 亿（双）

≈ 190 亿（双）

<现实性验证>

　　根据日本林野厅的官方网站，日本每年消耗的一次性筷子数大约是 250 亿双。推算时，可能略微低估了一次性筷子的人均消耗量。

练习题

11

按摩椅的市场规模有多大？

< 确认前提 >

可对按摩椅的所有者进行如下分类。

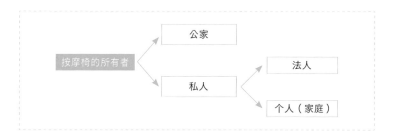

公家和私人中的法人（温泉旅馆、浴室等）也会有按摩椅，但本题仅考虑个人（家庭）拥有的按摩椅的市场规模（另外，本题求"市场规模"采用的解法和例题稍有不同）。

< 方式设定 >

按摩椅的市场规模可通过下列公式求得：

一年内购买过按摩椅的家庭数 × **平均购买量** × **按摩椅的平均单价**

另外，现在拥有按摩椅的家庭可以分为**新增**和**已有**两种。

也就是说，这一年内购买过按摩椅的家庭有 A 和 B 两种情况。另外，B 又可以分为添置和换新这两种，但本题不做区别。

推算时，假设 A = 10%，B = 10%，C = 80%。

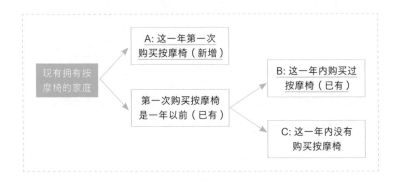

< 模式分解 >

①一年内购买过按摩椅的家庭数

• A：这一年第一次购买按摩椅的家庭（新增）

A：新增的家庭数量可通过下列公式求得：

现在拥有按摩椅的家庭数 × 10%

现在拥有按摩椅的家庭数又可通过下列公式求得：

日本的家庭数 × 拥有按摩椅的家庭比率

假设日本的家庭数为 4000 万户（参照练习题 2），且拥有按摩椅的家庭比率为 5%，那么现在拥有按摩椅的家庭数就是

4000 万（户）× 5% = 200 万（户）

所以，A：新增的家庭数为

200 万（户）× 10% = 20 万（户）

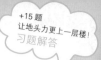

• B：已有按摩椅，但这一年又购买了按摩椅的家庭

B：已有的家庭数可通过下列公式求得：

现在拥有按摩椅的家庭数 × 10%

也就是说，和 A 一样，是 20 万（户）。

因此，这一年购买过按摩椅的家庭数（A+B）为

20 万（户）+20 万（户）= 40 万（户）

②平均购买量

考虑到按摩椅的价格较贵，假设每个家庭的平均购买量为 1 台。

③按摩椅的平均单价

假设按摩椅的平均单价为 10 万日元。

< 计算 >

根据①~③，可推算出按摩椅的市场规模是

40 万（户）× 1（台 / 户）× 10 万（日元 / 台）

= 400 亿（日元）

< 现实性验证 >

根据矢野经济研究所的调查，2006 年按摩椅的市场规模是 605 亿日元。本题仅推算了个人（家庭）购买的按摩椅。因此，400 亿日元这个结果虽然比 605 亿日元少，但也还算合理吧。

< 确认前提 >

"丸之内"是东京著名的商业街。本题要推算的是位于丸之内的拉面店 1 天的销售额（工作日）。

< 方式设定 >

位于丸之内的拉面店 1 天的销售额基本可通过下列公式求得：

客单价 × 顾客数量

顾客数量又可通过下列公式推算：

营业时间 × 总容量 × 使用率 × 翻台率

< 模式分解 >

①客单价

客单价可分为 A：白天的客单价和 B：晚上的客单价。

• A：白天的客单价（11 点—18 点）

假设拉面的价格是 1 份 700 日元，并且每 4 个人就会有 1 个人点 200 日元的配菜（米饭或浇头等）。那么白天的客单价就是

700（日元）+ 200（日元）/4（人）= 750（日元/人）

136

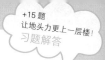

•B：晚上的客单价（18 点—24 点）

晚上的客单价要在白天的客单价的基础上，加上啤酒等饮料费。假设每 5 个人就有 1 个人点 500 日元的饮料，那么晚上的客单价就是

750（日元 / 人）（白天的客单价）+ 500（日元）/5（人）= 850（日元 / 人）

②顾客数量

假设店铺的容量是 50 个座位。下面根据营业时间（假设营业时间是 11 点—24 点），在表格中填入各时段的使用率（%）和翻台率（次 / 小时）。

营业时间	容量	使用率	翻台率
11 点—12 点	50 座	30%	2 次 / 小时
12 点—13 点	50 座	70%	2 次 / 小时
13 点—18 点	50 座	5%	2 次 / 小时
18 点—21 点	50 座	40%	2 次 / 小时
21 点—24 点	50 座	60%	2 次 / 小时

关于使用率，因为丸之内写字楼较多，所以假设"12 点—13 点"的午餐时间以及白领们开始陆续下班的"18 点—21 点""21 点—24 点"这 3 个时段的使用率较高。而且相较于"18 点—21 点"这个时段，"21 点—24 点"这个时段的使用率要更高，也就是说，这个时段的客流量更多。

关于翻台率，假设顾客的平均滞留时间为 30 分钟。那么翻台率就是 2。

< 计算 >

白天的顾客数量为

50（座）×（30%+70%+5%×5）×2（次）= 125（人）[一个座位相当于一人]

所以，白天的销售额为

750（日元 / 人）×125（人）= 9.375 万（日元）

另一方面，晚上的顾客数量为

50（座）×（40%×3 + 60%×3）×2（次）= 300（人）[一个座位相当于一人]

所以，晚上的销售额为

850（日元 / 人）×300（人）= 25.5 万（日元）

综上，位于丸之内的拉面店 1 天的销售额为

9.375 万（日元）+ 25.5 万（日元）

= 34.875 万（日元）

≈ 35 万（日元）

< 现实性验证 >

同为餐饮店的星巴克 1 天的销售额约为 30 万日元（参照例题 12）。推算结果略高于星巴克的销售额。

游戏厅的营业额有多少？

< 确认前提 >

本题的推算对象是位于东京车站一带的游戏厅。另外，营业额是指工作日 1 天的营业额。

< 方式设定 >

游戏厅的营业额基本可以通过下列公式求得：

客单价 × 顾客数量

顾客数量又可通过下列公式推算：

营业时间（小时）× 容量 × 使用率（%）× 周转率（次/小时）

另外，这里的顾客数量指的是总人次 [比如，1 个顾客玩了 5 次，就算 1 × 5 = 5（人次）]。

< 模式分解 >

①客单价

客单价为 100 日元（玩 1 次的价格）。

②顾客数量

假设容量为 50 台（游戏机的数量）。

营业时间为 12 小时（11 点—23 点）。

使用率和时段有关，但假设周转率是固定的。

推算周转率的时候，假设只需 10 分钟即可玩完 1 局的人，和需要 30 分钟才能玩完 1 局的人，数量相同。换言之，就是不擅长玩游戏的人和擅长玩游戏的人各占一半。

由此可推算出同一批顾客玩游戏的平均时间是（10 分钟 + 30 分钟）÷ 2 = 20 分钟。因此，周转率是 3 次 / 小时。另外，为了简化问题，本题不考虑游戏的种类。

根据上述假设，将营业时间、容量、使用率和周转率 4 个要素填入下表。

营业时间	容量	使用率	周转率
11 点—15 点	50 台	20%	3 次 / 小时
15 点—19 点	50 台	40%	3 次 / 小时
19 点—23 点	50 台	50%	3 次 / 小时

设定使用率时，可以对顾客群做出下列 3 个假设。

a. 无业游民：全营业时间占据一定的比率（20%）。

b. 学生：15 点开始占 20%。19 点以后，一半学生要回家，所以占 10%。

c. 社会人士：19 点以后占 20%。

比如，19 点—23 点这个时段内，使用率 = 无业游民（20%）+ 学生（10%）+ 社会人士（20%）= 50%。

< 计算 >

根据②的表格，可推算出顾客数量（总人次）为

50（台）× 3（次 / 小时）×［20% × 4 + 40%

× 4 + 50% × 4］

= 50（台）× 3（次 / 小时）× 440%

= 660（人次）［1 台游戏机供 1 人使用］

因此，根据①和②，可推算出游戏厅 1 天的营业额为：

660（人次）× 100（日元 / 人次）= 6.6 万（日元）

< 现实性验证 >

经营游戏厅的成本主要有①人工费、②店铺租金、③其他费用这 3 种（不包括初期投资费用）。关于①，假设有 3 名店员，1 天的工资是 8000 日元，那么 1 天的人工费就是 8000 日元 × 3 = 2.4 万日元。关于②，假设店铺的租金为 1 个月 30 万日元，那么 1 天的成本就是 30 万 ÷ 30（日）= 1 万日元。最后，假设其他杂费（电费等）为 1 天 1 万日元。

综上，经营游戏厅 1 天的成本是 2.4 万日元 +1 万日元 +1 万日元 = 4.4 万日元。从收益的角度来看，上文推测出的 6.6 万日元这个数值应该是合理的。

车站小卖店1天的营业额有多少？

难易度 B

<确认前提>

假设这里是指位于东京山手线内的车站（比如东京站）的便利店。另外，营业额是指工作日1家店铺1天的营业额。

假设营业时间是7点—21点，店内有1个店员。另外，小卖店内的商品可进行如下分类。

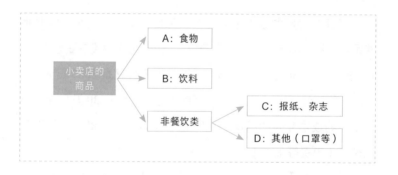

为了方便计算，本题会对各类商品的价格进行简化，具体如下：

A：**食物** = 100日元

B：**饮料** = 150日元

C：**报纸、杂志** = ［100日元（报纸）+ 300日元（杂志）］
÷ 2 = 200日元

D：**其他** = 100 日元

<方式设定>

小卖店的营业额基本可通过下列公式求得：

客单价 × 顾客数量

顾客数量又可通过下列公式推算：

营业时间 × 店员的处理速度（人 / 小时）× 使用率（%）

营业时间 × 店员的处理速度，可以计算出店员能够接待的顾客人数的上限。这个数值再乘以使用率，就可得到实际接待的顾客数量。

另外，假设店员的处理速度一直维持在 1 人 /15 秒。也就是说，1 分钟可以接待 4 个人，1 小时能接待 240 个人。

<模式分解>

以推算顾客数量所需的营业时间、店员的处理速度、使用率，以及客单价 4 个要素为基础，制作下表。

营业时间	店员的处理速度	使用率	客单价
7 点—9 点	240 人 / 小时	25%	260 日元
9 点—17 点	240 人 / 小时	10%	210 日元
17 点—19 点	240 人 / 小时	20%	260 日元
19 点—21 点	240 人 / 小时	15%	210 日元

表中的使用率和客单价是依照下列假设设定的。

7点—9点：早高峰，人较多（25%）。买 B(饮料) 的同时，每 2 个人就会有 1 个人购买 C（报纸、杂志）。每 10 个人会有 1 个人购买 D（其他）（150 + 200 ÷ 2 + 100 ÷ 10 = 260 日元）。

9点—17点：这个时段人较少（10%）。买 B（饮料）的同时，每 2 个人就会有 1 个人购买 A（食物）。每 10 个人会有 1 个人购买 D（其他）（150 + 100 ÷ 2 + 100 ÷ 10 = 210 日元）。

17点—19点：晚高峰，人较多，但一部分人会在 19 点后下班，所以人比早高峰少（20%）。和早高峰一样，买 B（饮料）的同时，每 2 个人就会有 1 个人购买 C（报纸、杂志）。每 10 个人会有 1 个人购买 D（其他）（150 + 200 ÷ 2 + 100 ÷ 10 = 260 日元）。

19点—21点：该时段还会有部分下班的人，所以人比 9 点～17 点多（15%）。买 B（饮料）的同时，每 4 个人就会有 1 个人购买 C(报纸、杂志)。每 10 个人会有 1 个人购买 D（其他）（150 + 200 ÷ 4 + 100 ÷ 10 = 210 日元）。

< 计算 >

综上，可推算出小卖店的营业额为

240（人 / 小时）× [2（小时）× 25% × 260（日元 / 人）+ 8（小时）× 10% × 210（日元 / 人）+ 2（小时）× 20% × 260（日元 / 人）+ 2（小时）× 15% × 210（日元 / 人）]

= 240（人 / 小时）× 465（日元 / 人）

≈ 240（人 / 小时）× 500（日元 / 人）

= 12 万（日元）

< 现实性验证 >

　　2007 年 11 月 6 日的《日本经济报》上登载了一篇报道。根据这篇报道，和小卖店一样在 JR 东日本铺设零售网的店铺——车站内的便利店，1 家店铺 1 天的营业额是 66.2 万日元。根据上文推算出的结果，1 家小卖店的营业额是便利店的 1/5 左右。

日本有多少位发型师？

< 确认前提 >

常人剪头发的行为模式有以下几种。

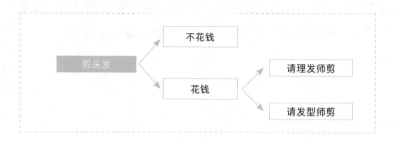

本题将范围限定在"花钱""请发型师剪"的情况。也就是说，将推算的对象限定为收钱剪头发（包含剪发之外的护理）的发型师。

< 方式设定 >

日本的发型师数量可通过下列公式推算：

每年在美发沙龙剪头发的人数 ÷1 个发型师平均一年负责的人数

这是"宏观需求"÷"微观供给"的解法。

这里的"人数"是指总人次数。比如，1 个人一年剪 12 次头发，就算做 1 × 12 次 = 12（人次）。

< 模式分解 >

①每年在美发沙龙剪头发的人数

每年在美发沙龙剪头发的人数可通过下列公式求得：

日本每年剪头发的人数 × 在美发沙龙剪头发的比率

推算在美发沙龙剪头发的人数时，先以性别和年龄（0～80岁）为轴制作表格，然后将在美发沙龙剪头发的比率填入空格中。另外，为了简化问题，本题假设所有人，不论性别，不论年龄，1个月都剪1次头发。

年龄	10岁以下	10～ 19岁	20～ 29岁	30～ 39岁	40～ 49岁	50～ 59岁	60～ 79岁
男	20%	60%	80%	60%	40%	40%	20%
女	20%	80%	80%	80%	80%	80%	80%

* 假设年满10岁以后，女性去美发沙龙剪头发的比率变高。
* 假设男性过了30岁后，去"理发店"的人会增加。
* 假设不满10岁的孩子，去美发沙龙的比率男女都比较低。

根据上述假设完成表格。再假设各年龄段的男女人数均为750万人（1.2亿 ÷ 8 ÷ 2）。由此可计算出，每年在美发沙龙剪头发的人数是：

750万（人）× 920% × 1（次/月）× 12（月）= 6900万（人次/月）× 12（月）

也就是说，在美发沙龙剪头发的人，平均每个月有6900万人次，一年有6900万 × 12人次。

② 1 个发型师平均一年负责的人数

假设 1 个发型师平均 1 天负责 5 人。再假设发型师 1 个月工作 24 天。那么，可以推算出 1 个发型师平均一年负责的人数是

5（人／日）× 24（日／月）× 12（月）＝ 120（人／月）× 12（月）

< 计算 >

根据①和②，可推算出日本的发型师的人数为

［6900 万（人／月）× 12（月）］÷［120（人／月）× 12（月）］

≈ 57 万（人）

< 现实性验证 >

根据日本（财团）全国生活卫生营业指导中心的数据，2008 年 3 月的"发型师从业者人数"大约为 43.7 万人。上文推算出来的数值略大于真实数量。推算时，为了简化问题，做了"不论性别，不论年龄，所有人 1 个月都剪 1 次头发"的假设。而实际上的剪发频率可能比 1 个月 1 次要低。

费米推定问题

我们在做过的 1000 多道费米推定问题中，精心挑选出了 100 道有趣的题目。希望大家平时练习的时候可以使用。另外，费米推定的性质决定了每道题目都有多种解法。

▼ 问题	难易度	▼ 评论
以个人、家庭为单位求存量的问题 12 题		
日本有多少把伞？	A	伞有长柄雨伞、折叠伞、太阳伞
日本有多少条领带？	A	推算男性的拥有率和拥有数量
日本有多少块手表？	A	手表可作饰品用，所以有些人拥有不止 1 块手表
日本有多少个手机？	A	最近小学生也开始有手机了，手机普及愈加低龄化
日本有多少个家庭用固定电话？	B	没有固定电话的家庭有什么特征呢？
日本有多少台电视机？	B	大家庭可能有不止 1 台电视机
日本有多少台洗衣机？	B	人们对投币式洗衣机的需求依旧很大
日本有多少栋别墅？	B	关键是富人家庭的数量
日本有多少打篮球的人？	A	请先对打篮球的人下定义吧（下面 4 题虽然不是拥有类型的问题，但可以以个人、家庭为单位进行推算）
日本有多少名下象棋的人？	A	多为中老年男性
日本有多少名自民党成员？	A	如何设定从政人员的"自民党选择率"呢？
日本有多少名阪神粉？	A	也许可以分成关西和关东两个地域来思考

149

以法人为单位求存量的问题　8 题

日本有多少家公司？	B	以法人为单位的基础问题
日本有多少张桌子？	C	除了法人之外，学校和家庭也有桌子
日本有多少块白板？	C	除了法人之外，学校也有白板
日本有多少个荧光灯？	C	如何设定平均 1 个房间安装的荧光灯数？
日本有多少个吸烟室？	C	最近有些公司似乎取消了吸烟室
日本有多少个厕所？	C	关于法人或学校，可以假设特定人数共用 1 个厕所
日本有多少家食堂？	C	有些法人有员工食堂，有些学校有学生食堂
日本有多少位董事？	C	大部分公司都有董事（既可以说是拥有类型的问题，也可以说是存在类型的问题）

以占地面积为单位求存量的问题　12 题

日本有多少家麦当劳？	A	基础问题
日本有多少家漫画咖啡馆？	A	主要分布在城市里
日本有多少家超市？	A	可以认为店铺数量和人口数量成正比
日本有多少家加油站？	A	如何设定城市和农村的差异
日本有多少家医院？	A	如何设定单位面积
日本有多少家派出所？	A	巡逻车必须在一定的时间内到达事发地
日本有多少个窨井盖？	B	窨井盖在马路上
日本有多少座桥？	B	可以先推算河的数量
日本有多少个随手乱丢的烟蒂？	B	城市里意外地有很多
日本有多少个神社？	A	没有人居住的山区也有
东京有多少个车站？	A	这是很多其他问题的基础
东京有多少个路标？	B	每隔几米有 1 个路标呢？

以区域为单位求存量的问题　8题

日本有多少家美术馆？	B	美术馆有公立的和私立的
日本有多少个温泉？	C	温泉的定义很重要
日本有多少个海水浴场？	C	南方的县应该比较多
日本有多少个水坝？	C	水坝位于河川上游的内陆地区
日本有多少名政治家？	B	主要是市町村、都道府县各个行政单位推选出来的
日本有多少只乌鸦？	C	乌鸦一般出现在哪里？
世界上有多少个核武器？	C	如何设定各个国家拥有的核武器的数量关系？
日本有多少只蟑螂？	C	蟑螂一般出现在哪里？

求宏观销售额的问题　20题

眼镜的市场规模	C	眼镜有近视眼镜、远视眼镜、老花镜、太阳镜等
洗发水的市场规模	C	注意还有替换装、旅行装
日本语词典的市场规模	B	随着电子词典的出现，换新的需求会减少
圆珠笔的市场规模	B	法人也会购买圆珠笔
摩托车的市场规模	B	解法可以参考新车销售量的问题
美国枪支的市场规模	C	因为是外国，所以数量的设定很困难
酸奶的市场规模	A	也许可以排除 B2B① 市场
香蕉的年销售量	A	谁会吃香蕉呢？
"充实蔬菜汁"的年销售额	A	"充实蔬菜汁"在蔬菜汁市场上的占比有多少？
任天堂 DS 的年销售额	A	好像男女老少都会玩

① B2B（Business to Business），是指企业与企业之间通过专用网络进行数据信息的交换、传递、开展交易活动的商业模式。
② 日本电玩游戏商任天堂公司 2004 年发售的第三代便携式游戏机。

求宏观销售额的问题　20 题

迪士尼乐园一年的营业额	A	考虑微观销售额的话，会比较困难
东京的证件照拍摄机一年的营业额	B	一般什么时候会拍照？
日本经济报一年的销售量	B	家庭定期订购比较多吧
手机一年的签约数	B	分成新增和续约（已有）两种情况
婚介所一年的使用人数	A	使用者的年龄层是怎样的？
每年去肯尼亚的日本游客数量	B	计算"选择非洲的比率 × 选择肯尼亚的比率"
东京一年发生的交通事故数量	C	如何设定遭遇交通事故的概率是关键
贺年卡一年的寄送量	B	年轻人好像喜欢发邮件
汉字考试一年的报考人数	C	参加汉字考试的是什么人？
Mixi 网站首页 1 天的访问量	B	重度用户和轻度用户的比率分别是多少？

求微观销售额的问题　20 题

麦当劳的营业额	A	基础问题
居酒屋的营业额	A	可以利用"容量 × 使用率 × 翻台率"这个公式
酒店的营业额	A	可以利用"容量 × 使用率"这个公式
弹珠店的营业额	B	容量和弹珠机的数量有关
占卜师的营业额	B	请想象一下占卜师的日常
投币式存放柜的营业额	A	可以根据自己的实际感受设定数值
服务区的营业额	C	有多家餐厅、小卖部
加油站的营业额	B	好像还有洗车等附加服务
婚礼会场的营业额	B	会收取场地费、餐饮费、器材费、服务费等

求微观销售额的问题　20 题

殡葬公司的营业额	B	推算单价是关键
牙医的营业额	B	可以利用"容量 × 使用率 × 周转率"这个公式
游泳学校的营业额	B	1 小时的课程较多
滑雪场的营业额	C	还要考虑索道费、租赁费
夜总会的营业额	B	餐饮费 + 服务费 + 点名费
麻将馆的营业额	A	晚上才是营业时间
图书馆一年的使用者人数	A	可以想象一下自己常去的图书馆
相扑比赛一年的观看人数	A	每年举办 6 次（1、3、5、7、9、11 月）
四季剧团一年的观众人数	B	在日本总共有 9 个剧场，分布在 8 个地方
东京单轨列车 1 天的乘客数	B	直达羽田机场
JR 涩谷站的自动扶梯 1 天的使用者人数	B	其实自动扶梯也可以使用"容量 × 使用率 × 周转率"这个公式

用"宏观需求 ÷ 微观供给"求存量的问题　10 题

日本有多少名按摩师？	B	谁会去按摩？
日本有多少名美甲师？	B	美甲师 1 天接待多少顾客？
日本有多少名律师？	C	律师有人权律师、民事律师、企业法务律师等
日本有多少名临床医生？	C	婴幼儿、老年人对临床医生的需求较多
日本有多少名口译人员？	C	哪些场合需要口译人员？
日本有多少家干洗店？	B	以家庭为单位考虑宏观需求
日本有多少家健身房？	B	主妇、商务人士、老年人等各类人群都会使用健身房

用"宏观需求 ÷ 微观供给"求存量的问题　10 题		
日本有多少家旧书店？	B	随着亚马逊的普及，可以假设去旧书店的人多为老年人
日本有多少家补习班？	B	很难区分补习班和备考学校
日本有多少家房产公司？	C	以家庭为单位考虑对房产的需求

基本体系以外的应用问题　10 题		
深夜市场的潜在规模	C	需要指出潜在需求
新潟中越地震造成的损失有多少？	C	建筑物、基础设施、自然环境等各方面都有损失
下雨天商场的顾客数会减少多少？	C	分析顾客的目的（用餐、购物等）是关键
近 10 年自行车的市场规模有什么样的变化？	C	首先要列出增加的原因和减少的原因
iPhone 明年的销量	C	如何构建 iPhone 引导潮流的逻辑？
三得利音乐厅的总工费	C	可参考独栋房屋的建造费用
企业 A（任意）录用应届毕业生的成本	C	先列出成本项目，比如人工费、会场费、广告费等
富士台一年的营业额	C	假设主要收入是广告费，然后计算广告的"单价 × 数量"
10 年后的日本人口	C	人口增量 = 出生人数 - 死亡人数
日本一年的结婚登记数	C	方法有很多，比如"结婚登记数 = 未婚情侣数 × 结婚率"

后 记

作为笔者之一的我，第一次遇到"日本有多少电线杆"这样的费米推定问题，是在 2008 年的春天。

求职的朋友来我家玩时，向我抛出了这个问题，还略微挑衅地问我："你能解开这道题吗？"

费米推定的核心是基于假设（比如 1 根电线杆的覆盖面积）的思维方式和 MECE 分类（不遗漏、不重复）。当时的我对此是抱有怀疑态度的。

甚至还质疑朋友给出的答案，说："这个数值缺乏准确性吧。"

但是，当我因为求职而真正开始接触包含费米推定在内的"案例问题"时，我渐渐地理解了假设思维和 MECE 分类的重要性。

也就是说，我明白了，解决包含费米推定在内的"案例问题"时，重要的不是结果，而是推导出该结果的思考过程。

现在，我认为解决包含费米推定在内的"案例问题"时的思考过程，就相当于棒球练习中的"空抡"。换言之，就是为了你在思考问题或开展社团活动（如果你是学生）时，又或者在日常生活中想要开始什么新事物时，能够有效且逻辑通顺地思考而进行的练习。

当然，如果只是"空抢"，是无法应付"实战"的。

尤其是包括商务在内的现实社会的"实战"。要想迎战，还必须具备团队合作精神、强烈的志向、行动力以及其他各种要素。但是，我想"空抢"可以提高"实战"的胜率。

"你一个还没开始工作的人，在指指点点什么啊？"也许有人会这么说我，但上面这些想法是我在正式踏入现实社会之前设立的"假设"。既然是"假设"，就必须"验证"其内容的准确性。

我将在开始工作后，亲自"验证"这个"假设"。

不过，准确来讲，就算我在商界取得了好的成绩，我也必须进一步"验证"这个结果和"学生时代沉迷于案例问题"这个事实之间是否存在强烈的因果关系。

因为过于复杂，这一点就暂时不说了。

请钻研本书问题的读者，务必也来"验证"我上文提出的"假设"。

我们希望这本书能够为你"验证"这个"假设"，以及为你在现实社会中取得满意的成就奉献一份力量。

最后，我想向在制作本书的过程中给予我们巨大帮助的各位相关人士表达谢意。首先，我要感谢看了原稿后觉得它很有意义的朋友。小栗史也先生、赵震宇先生还有宫崎亮先生，谢谢你们让这部作品变得更好。另外，我还要感谢在背后默默支持东大案例学习研究会的万研一先生。谢谢你不求任何回报地帮助我们。

担任本书编辑的东洋经济新报社的桑原哲也先生，谢谢您给予我们这么好的机会。

最后，我还要感谢《锻炼地头力》的作者——细谷功先生。从求职到撰写本书，《锻炼地头力》为我提供了很多参考。可以说没有这本书，就没有现在的我们。对此，我由衷地表示感谢。谢谢。

东大案例学习研究会

出版后记

芝加哥有多少钢琴调音师？一辆校车内可以容纳多少个高尔夫球？擦洗西雅图所有窗户，要花费多少钱？这些荒谬的题目其实都是谷歌等世界知名企业的经典面试题，也就是知名的费米推定问题。现在这类题也经常出现在校招产品经理、数据分析师等岗位招聘面试中。

费米推定问题其实本身几乎并不存在正确答案，其目的在于考察逻辑拆解能力和估算能力。其解题的主要手法是通过少量的已知条件去推算庞大的未知数据，将问题拆解成一些列便于解答和估算的小题目，再根据假设和推测去估算小题目。

书名提出了"全世界有多少只猫"这个看起来十分庞大的题目，但大家可以参考第 105 页的"练习题 2 日本有多少只猫"的解题思路和逻辑流程来尝试思考"中国有多少只猫""法国有多少只猫"……以此类推，将这个问题当成一个长久的题目，慢慢花时间去思考，并在这个过程中逐渐提升解答费米推定问题的能力和速度。

服务热线：133-6631-2326　　188-1142-1266

服务信箱：reader@hinabook.com

后浪出版公司

2022 年 8 月

图书在版编目（ＣＩＰ）数据

全世界有多少只猫：用费米推定推算未知 / 日本东
大案例学习研究会著；吴梦迪译. -- 北京：中国友谊
出版公司，2022.11
ISBN 978-7-5057-5544-4

Ⅰ. ①全… Ⅱ. ①日… ②吴… Ⅲ. ①费米统计
Ⅳ. ①O414.2

中国版本图书馆CIP数据核字(2022)第161057号

著作权合同登记号　图字：01-2022-5717

书名	全世界有多少只猫：用费米推定推算未知
作者	［日］日本东大案例学习研究会
译者	吴梦迪
出版	中国友谊出版公司
发行	中国友谊出版公司
经销	新华书店
印刷	北京天宇万达印刷有限公司
规格	889×1194毫米　32开
	5.25印张　101千字
版次	2022年11月第1版
印次	2022年11月第1次印刷
书号	ISBN 978-7-5057-5544-4
定价	39.80元
地址	北京市朝阳区西坝河南里17号楼
邮编	100028
电话	（010）64678009